ステップ30

留学生のための

HTML5
&CSS3
ワークブック

カットシステム

もくじ

◆サンプルファイルと演習で使う画像のダウンロードURL

本書で紹介したサンプルファイル、ならびに演習で使用する画像は以下のURLからダウン
ロードできます。

https://cutt.jp/books/978-4-87783-808-9/

HTMLファイルとWebサーバー

Step 01

Webページ（ホームページ）はHTMLと呼ばれる言語で作成します。HTML学習の第一歩となるステップ01では、HTMLファイルを作成する方法とWebの基礎知識について学習します。

1.1 HTMLとは？

　Webページ（ホームページ）を作成するには、**HTML**と呼ばれるコンピュータ言語を学ぶ必要があります。コンピュータ言語と聞くと「難しそうだな……」と思うかもしれませんが、一般的なプログラミング言語と比べてHTMLはかなり習得しやすい言語です。このため、初心者でも問題なく学習を進められると思います。

　HTMLはHyperText Markup Languageを略したもので、その中身は単なる**テキストファイル**でしかありません。テキストファイルとは「文字だけで構成されるファイル」のことです。このため、Windowsに用意されている「**メモ帳**」など、文字を編集できるアプリケーション（テキストエディタ）があれば、誰でもHTMLファイルを作成できます。

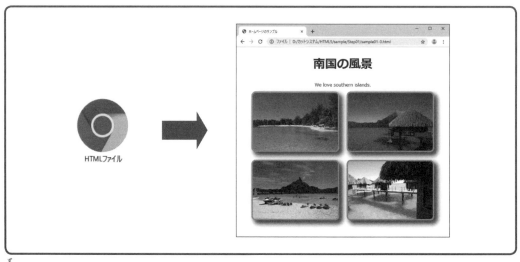

図1-1　HTMLファイルとWebページ

1.2 HTMLファイルの作成手順

　それでは、HTMLファイルの作成手順を解説していきましょう。HTMLファイルは「メモ帳」などの**テキストエディタ**で作成します。もちろん、「メモ帳」以外のテキストエディタを使用しても構いません。ただし、ファイルの**拡張子**に注意しなければなりません。

8

通常、テキストエディタで保存したファイルは、拡張子が「.txt」のテキストファイルになります。HTMLファイルを作成するときは、この拡張子を「.html」に変更する必要があります。このため、ファイルを保存するときに「ファイルの種類」を指定しなければいけません。

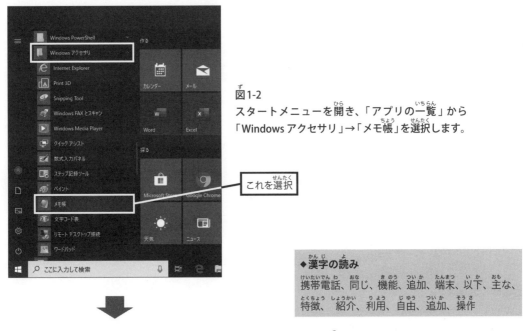

図1-2
スタートメニューを開き、「アプリの一覧」から
「Windows アクセサリ」→「メモ帳」を選択します。

これを選択

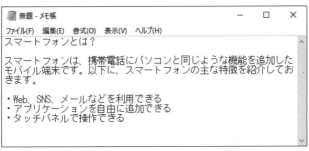

図1-3
「メモ帳」が起動したら、キーボードを使ってテキスト（文章）を入力します。

ウィンドウの右端で文字を折り返すときは、［書式］メニューから「右端で折り返す」を選択します。

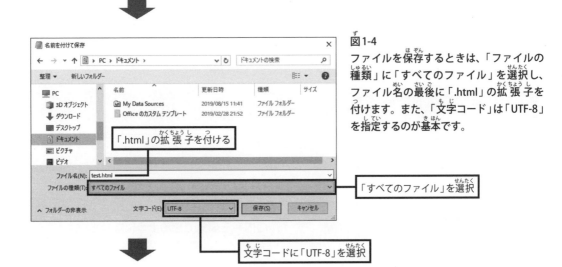

図1-4
ファイルを保存するときは、「ファイルの種類」に「すべてのファイル」を選択し、ファイル名の最後に「.html」の拡張子を付けます。また、「文字コード」は「UTF-8」を指定するのが基本です。

「.html」の拡張子を付ける

「すべてのファイル」を選択

文字コードに「UTF-8」を選択

図1-5
テキストがHTMLファイルとして保存されます。

1.3　HTMLファイルをWebブラウザで表示する

続いては、作成したHTMLファイルをWebブラウザで閲覧するときの操作手順を解説します。この操作はとても簡単で、HTMLファイルのアイコンをダブルクリックするだけです。すると、Webブラウザ（Google Chromeなど）が起動し、Webページが表示されます。

ダブルクリック

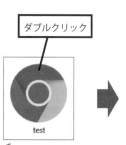

図1-6　HTMLファイル

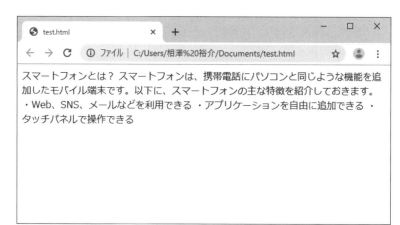

図1-7　Webブラウザに表示される

この結果（図1-7）を見ると、「メモ帳」に記述した文章（図1-3）がそのままWebブラウザに表示されていることを確認できます。このように、HTMLファイルに記述した文章は、そのままホームページとして表示させることが可能です。ただし、改行は反映されません。ホームページに表示される文章を改行するには、**
** というタグを記述する必要があります。

このように「タグの記述方法」を学ぶことがHTMLの習得につながります。これについては、本書のステップ02以降で詳しく解説していきます。

1.4　HTMLファイルを再編集する

すでに保存されているHTMLファイルを編集するときも、「メモ帳」などのテキストエディタを使用します。ただし、普通にHTMLファイルをダブルクリックすると、Webブラウザが起動してしまいます。

再編集を行うときは、HTMLファイルのアイコンをテキストエディタのウィンドウ内へドラッグ＆ドロップします。すると、HTMLファイルの内容を編集できるようになります。

図1-8　ドラッグ＆ドロップでファイルを開く

図1-9　HTMLファイルの編集画面

1.5　インターネットに公開するには？

　作成したWebページをインターネットに公開するには、HTMLファイルを**Webサーバー**と呼ばれるコンピュータにコピーする必要があります。この作業を**アップロード**といいます。ただし、誰でもアップロードを実行できるわけではありません。アップロードを実行するには、Webサーバーを提供する業者（※1）と契約を交わし、自分専用のWebサーバーを確保しておく必要があります。

　また、**FTPクライアント**と呼ばれるアプリケーションの使い方も習得しておかなければなりません。FTPクライアンは、「インターネット上にあるコンピュータ」（Webサーバー）と「自分のパソコン」の間でファイルのコピーを行うためのアプリケーションです。FTPクライアントの使い方や設定方法は、各自が契約したWebサーバーの利用手引などに記されているので、そちらを参照してください。

（※1）Webサーバーには、有料のものと無料のものがあります。

演習

（1）「メモ帳」などのテキストエディタに**図1-3**の文章を入力し、HTMLファイルとして保存してみましょう。

（2）**演習（1）**で保存したHTMLファイルをWebブラウザで閲覧してみましょう。

（3）**演習（1）**で保存したHTMLファイルを「メモ帳」などのテキストエディタで開いてみましょう。

（4）文章の一部を変更してから「上書き保存」を実行し、変更内容が反映されているかをWebブラウザで確認してみましょう。

Step 02 タグの基本と改行

ステップ01で解説したように、文章だけを記述したHTMLファイルをWebブラウザで閲覧すると、改行が無視されてしまいます。これを正しく改行するには
というタグを記述しなければなりません。ここでは「タグの基本」と「改行」について解説します。

2.1 改行を指定する

　HTMLファイルに記述した文章を改行して表示するには、その位置に**
**という文字を記述しなければいけません。たとえば、P9～10で紹介した例の場合、以下のように
を追加すると、正しい位置で改行して表示できるようになります。

▼ sample02-1.html

```
1  スマートフォンとは？<br>
2  <br>
3  スマートフォンは、携帯電話にパソコンと同じような機能を追加したモバイル端末です。以下に、スマートフォンの主な特徴を紹介しておきます。<br>
4  <br>
5  ・Web、SNS、メールなどを利用できる<br>
6  ・アプリケーションを自由に追加できる<br>
7  ・タッチパネルで操作できる
```

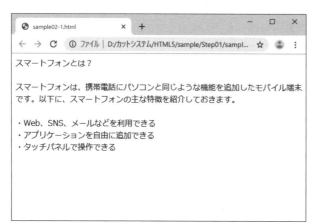

図2-1　sample02-1.htmlをWebブラウザで閲覧した様子

　このように、HTMLでは**<>**で囲まれた文字によりWebブラウザでの表示方法を指定します。この**<>**で囲まれた記述のことを**タグ**と呼びます。

2.2 タグを記述するときのルール

などのタグは、定められたルールに従って記述しなければなりません。ルールに違反している記述はタグと認識されず、「通常の文字」としてそのまま画面に表示されてしまいます。タグの記述に関するルールは、以下のとおりです。

- ・タグは半角文字で記述しなければいけません。
- ・< >内に記述する文字は、大文字でも小文字でも構いません。
- ・「開始タグ」と「終了タグ」をペアにして記述します。

開始タグとは、<html>のように「前後に< と >を記述したタグ」のことです。一方、終了タグは</html>のように「前後に</ と >を記述したタグ」となります。タグを記述するときは、これらをペアにして<html> 〜 </html>のような形にするのが基本です。
ただし、例外もあります。前ページで解説した
タグは、終了タグの記述が不要な少し特殊なタグとなります。

2.3 <html>、<head>、<body>の記述

続いては、「終了タグ」が必要になるタグの例として、html、head、bodyの3つのタグについて解説していきます。これらのタグは、HTMLファイルに必須のタグとなります。それぞれの役割を必ず覚えておいてください。

前ページでは、
タグだけを記述したHTMLを紹介しました。しかし、これは正しいHTMLとはいえません。というのも、HTMLでは**<html> 〜 </html>の中に内容を記述する**というルールが定められているからです。また、<html> 〜 </html>の中を**head**と**body**の2つの領域に分ける必要もあります。これらを指定するタグが**<head> 〜 </head>**と**<body> 〜 </body>**です。

以上のルールをまとめると、HTMLは次ページに示したような構成になります。1行目のhtmlタグにある「**lang="ja"**」の記述は、言語が「日本語」であることを示しています。<html>だけを記述しても構いませんが、言語を明確にするためにも「**lang="ja"**」の記述を追加しておきましょう。

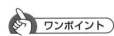 ワンポイント

要素について
「開始タグ」〜「終了タグ」の範囲を要素と呼びます。たとえば、<body> 〜 </body>の範囲は「body要素」となります。あわせて覚えておいてください。

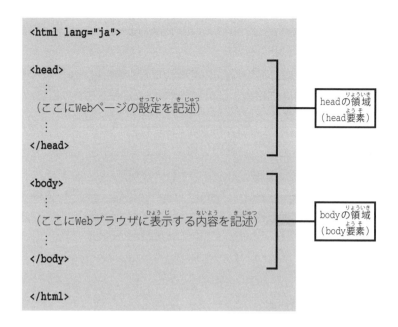

```
<html lang="ja">

<head>
    ⋮
  （ここにWebページの設定を記述）
    ⋮
</head>

<body>
    ⋮
  （ここにWebブラウザに表示する内容を記述）
    ⋮
</body>

</html>
```

headの領域
（head要素）

bodyの領域
（body要素）

　<head> ～ </head> の領域には、Webページ全体に関わる設定などを記述します。一方、<body> ～ </body> の領域には、Webブラウザに表示する内容を記述します。

　このルールに従うと、**sample02-1.html**に示したHTMLファイルは「<body> ～ </body> の領域内だけを記述した不完全なHTMLファイル」であると考えられます。

2.4　<head> ～ </head> に記述する内容

　ここからは、**<head> ～ </head>** の中に記述する要素について解説していきます。まずは**title要素**について解説します。この要素は**ページタイトル**を指定するもので、<title> ～ </title> の間に記述した文字がページタイトルとして扱われる仕組みになっています。Webブラウザでは、「タブ」の部分に<title> ～ </title> の間に記述した文字が表示されます。

<title>スマートフォンの紹介**</title>**

ページタイトル

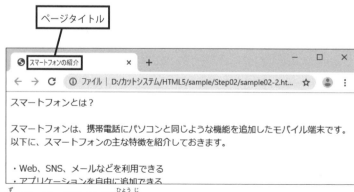

図2-2　ページタイトルの表示

また、\<head\> 〜 \</head\>の領域には、**文字コードを指定するmetaタグ**も記述するのが基本です。\<br\>と同様に、metaタグは「終了タグ」の記述が不要なタグとなります。

文字コードを指定するときは、以下のようにmetaタグを記述します。日本語の文字コードは「シフトJIS」や「UTF-8」などの種類があるため、正しく文字コードを指定しておかないとWebページが文字化けして表示される恐れがあります。

```
<meta charset="UTF-8">
```

上に示したmetaタグは、文字コードに「UTF-8」を指定した場合の記述です。他の文字コードを指定するときは、「UTF-8」の部分を以下の表のように書き換えてください。

■文字コードの指定

文字コード	metaタグの記述
UTF-8	UTF-8
シフトJIS	Shift_JIS

Windowsの「メモ帳」は、文字コードに「シフトJIS」(ANSI) が指定されている場合もあります。一方、Webの世界では「UTF-8」の文字コードを使用するのが一般的です。不要なトラブルを避けるためにも、文字コードに「UTF-8」を指定してから保存するようにしてください。

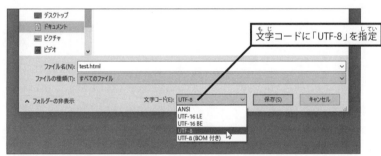

図2-3 「メモ帳」における文字コードの指定

2.5 DOCTYPEの記述

続いては、HTMLのバージョンを示す方法について解説します。HTMLを記述するときは、最初に**DOCTYPE宣言**を行っておく必要があります。DOCTYPE宣言は、文書の種類がHTMLであることを示すと同時に、HTMLのバージョンを示す記述となります。本書ではHTML5に従ってHTMLを作成していくので、DOCTYPE宣言は以下のように記述します。

```
<!DOCTYPE html>
```

正しいHTMLファイルを作成するには、このDOCTYPE宣言を**文書の先頭**に記述しておく必要があります。忘れないようにしてください。

2.6 正しいHTMLファイルの例

これまでに解説してきた話をまとめると、P12に示したHTMLファイルは以下のように記述するのが基本となります。HTMLファイルには、DOCTYPE宣言とhtml、head、bodyの3つの要素が必要になることを覚えておいてください。

▼ sample02-2.html

```
1   <!DOCTYPE html>          ─────  DOCTYPE宣言
2
3   <html lang="ja">
4                                    文字コードの指定
5   <head>
6       <meta charset="UTF-8">
7       <title>スマートフォンの紹介</title>  ─────  タイトルの指定
8   </head>
9
10  <body>
11  スマートフォンとは？<br>
12  <br>
13  スマートフォンは、携帯電話にパソコンと同じような機能を追加したモバイル端末です。以下に
    、スマートフォンの主な特徴を紹介しておきます。<br>
14  <br>
15  ・Web、SNS、メールなどを利用できる<br>
16  ・アプリケーションを自由に追加できる<br>
17  ・タッチパネルで操作できる
18  </body>
19
20  </html>
```

演習

（1）P12の**sample02-1.html**のようにHTMLファイルを記述し、Webブラウザの表示が**図2-1**のようになることを確認してみましょう。

（2）さらに、**DOCTYPE宣言**と**html**、**head**、**body**の要素を追加し、正しいHTMLファイルを作成してみましょう。headの領域では、「スマートフォンの紹介」という**ページタイトル**を指定し、文字コードに「**UTF-8**」を指定します。

Step **03**

見出しと段落

ステップ02で文章を改行する方法を学習しましたが、このままでは読みやすいWebページになりません。そこで、ステップ03では「見出し」や「段落」を指定する方法と「ヘアライン」について学習します。

3.1 見出しの指定 <h1>、<h2>、……、<h6>

通常、HTMLに記述した文章は、すべての文字が同じ文字サイズで表示されます。このままでは「見出し」と「本文」を区別しにくいため、読みやすいWebページになりません。このような場合は、「見出しの文字」をh1やh2などのタグで挟んで記述すると、見やすいWebページを作成できます。

見出しの要素は **h1 ～ h6** の6種類が用意されています。1～6の数字は「見出しのレベル」を示しており、**<h1> ～ </h1>** が最もレベルの高い見出し、**<h6> ～ </h6>** が最もレベルの低い見出し、となります。もちろん、レベルに応じて「見出しの文字サイズ」も変化します。また、これらの要素には改行が含まれているため、
 を記述しなくても自動的に改行されます。

以下に、<h1> ～ </h1> と <h2> ～ </h2> を使用した例を紹介しておきましょう。

▼ sample03-1.html

```
 1  <!DOCTYPE html>
 2
 3  <html lang="ja">
 4
 5  <head>
 6  <meta charset="UTF-8">
 7  <title>TOEICの紹介</title>
 8  </head>
 9                          ┌─ レベル1の見出し ─┐   ┌─ レベル2の見出し ─┐
10  <body>
11  <h1>TOEICの紹介</h1>
12  <h2>TOEICとは？</h2>
13  TOEICは、アメリカのテスト開発機関ETS（※1）によって開発・制作された、英語のコミュニケ
    ーション能力を測定する国際的なテストです。約160カ国で実施されており、日本では年間260万
    人以上（※2）が受験するテストとして広く認識されています。<br>
14  （※1）Educational Testing Service<br>
15  （※2）2018年度の実績<br>
16  TOEICは、合否ではなくスコアで英語力を評価する仕組みになっており、各自の英語力を測定す
    る一つの目安として活用されています。<br>
```

```
17    </body>
18
19    </html>
```

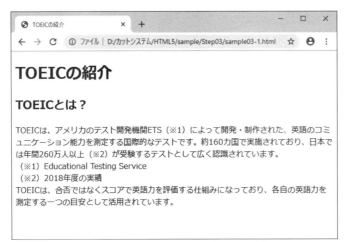

図3-1　sample03-1.htmlをWebブラウザに表示した様子

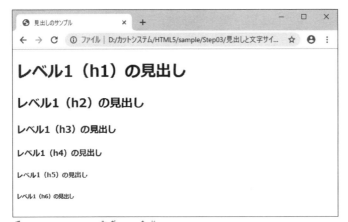

図3-2　h1〜h6の見出しと文字サイズ

3.2　段落の指定　<p>

　Webページはパソコンやスマートフォンなどで閲覧されるため、段落と段落の間に適当な間隔を空けておいた方が読みやすい文章になります。よって、文章が長くなるときは適当な位置で段落を区切っておくのが基本です。

　HTMLでは、**<p>〜</p>** で囲んだ範囲が**段落**として扱われ、その前後に適当な間隔が設けられる仕組みになっています。p要素にも改行が含まれているため、
を記述しなくても自動的に文章が改行されます。

　次ページに、文章を段落に区切った例を紹介しておくので参考にしてください。

▼sample03-2.html

```
1    <!DOCTYPE html>
2
3    <html lang="ja">
4
5    <head>
6    <meta charset="UTF-8">
7    <title>TOEICの紹介</title>
8    </head>
9
10   <body>
11   <h1>TOEICの紹介</h1>
12   <h2>TOEICとは？</h2>
13   <p>TOEICは、アメリカのテスト開発機関ETS（※1）によって開発・制作された、英語
     のコミュニケーション能力を測定する国際的なテストです。約160カ国で実施されて
     おり、日本では年間260万人以上（※2）が受験するテストとして広く認識されていま
     す。</p>
14   （※1）Educational Testing Service<br>
15   （※2）2018年度の実績
16   <p>TOEICは、合否ではなくスコアで英語力を評価する仕組みになっており、各自の英
     語力を測定する一つの目安として活用されています。</p>
17   </body>
18
19   </html>
```

段落

段落

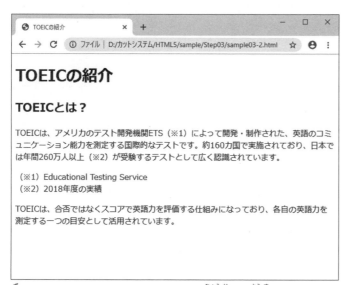

図3-3　sample03-2.htmlをWebブラウザに表示した様子

3.3 ヘアラインの描画 <hr>

　Webページを見やすくするために**ヘアライン**を活用するのも効果的です。ヘアラインはページ内を上下に分割する「区切り線」で、**<hr>**というタグを記述して描画します。たとえば、sample03-2.htmlにヘアラインを追加すると、**図3-4**のようなWebページを作成できます。
　なお、<hr>は終了タグが不要な要素となるため、</hr>を記述する必要はありません。

▼ sample03-3.html

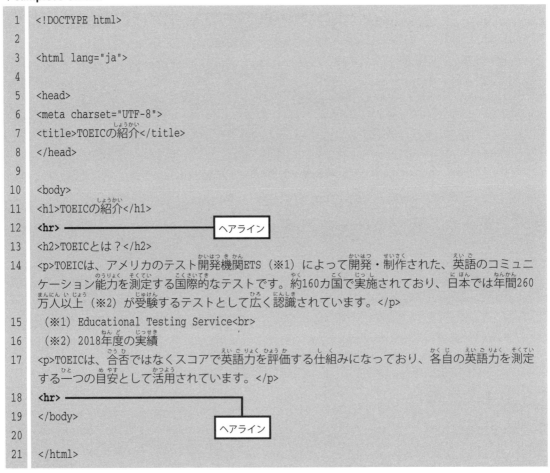

```
 1  <!DOCTYPE html>
 2
 3  <html lang="ja">
 4
 5  <head>
 6  <meta charset="UTF-8">
 7  <title>TOEICの紹介</title>
 8  </head>
 9
10  <body>
11  <h1>TOEICの紹介</h1>
12  <hr>                            ────── ヘアライン
13  <h2>TOEICとは？</h2>
14  <p>TOEICは、アメリカのテスト開発機関ETS（※1）によって開発・制作された、英語のコミュニ
    ケーション能力を測定する国際的なテストです。約160カ国で実施されており、日本では年間260
    万人以上（※2）が受験するテストとして広く認識されています。</p>
15  （※1）Educational Testing Service<br>
16  （※2）2018年度の実績
17  <p>TOEICは、合否ではなくスコアで英語力を評価する仕組みになっており、各自の英語力を測定
    する一つの目安として活用されています。</p>
18  <hr>                            ──────
19  </body>                                 ヘアライン
20
21  </html>
```

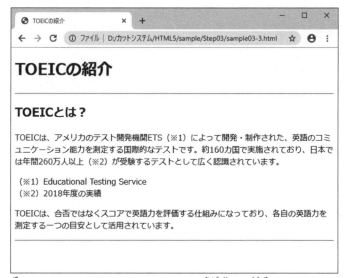

図3-4 sample03-3.htmlをWebブラウザに表示した様子

演 習

（1）ステップ02の演習（2）で作成したHTMLファイルを開き、「スマートフォンとは？」をレベル1の見出しに変更してみましょう。

（2）続いて、「スマートフォンは……」の文章に段落を指定し、箇条書きの前後にヘアラインを描画してみましょう。

Step 04

文字の装飾

HTMLには、文字を装飾するタグも用意されています。これらのタグを利用するときは、装飾する文字を「開始タグ」と「終了タグ」で挟んで記述します。続いては、太字やマーカー強調などを指定する方法について学習します。

4.1 太字 \<b>、斜体 \<i>、マーカー強調 \<mark>、取り消し線 \<del>

一部の文字を**太字**で表示したいときは、その文字を **\<b> 〜 \</b>** のタグで囲みます。たとえば、以下のようにHTMLを記述すると、「65.8%」の文字だけを太字で表示できます。

\<p>前回のテストの合格率は**\<b>**65.8%**\</b>**でした。\</p>

前回のテストの合格率は**65.8%**でした。

図4-1　太字の例

そのほか、文字を装飾するタグとして、文字を**マーカー強調**する **\<mark> 〜 \</mark>**、文字に**取り消し線**を追加する **\<del> 〜 \</del>**、半角文字を**斜体**にする **\<i> 〜 \</i>** などが用意されています。これらのタグも \<b> 〜 \</b> と同じ記述方法で使用できます。

これは**太字の文字装飾**です。

これはマーカー強調の文字装飾です。

これは~~取り消し線の文字装飾~~です。

*World Wide Web*のように半角文字を斜体にするタグもあります。

図4-2　太字、マーカー強調、取り消し線、斜体の例

これらのタグを重複して指定することも可能です。たとえば、次ページのようにHTMLを記述すると、「太字」と「マーカー強調」の装飾を同時に指定できます。このとき、「終了タグ」を記述する順番を間違えないようにしてください。複数のタグを指定するときは、「開始タグ」とは逆の順番で「終了タグ」を記述します。

○ 正しい記述方法

```
<p>前回のテストの<mark>合格率は<b>65.8%</b></mark>でした。</p>
```

× 間違った記述方法

```
<p>前回のテストの<mark>合格率は<b>65.8%</mark></b>でした。</p>
```

前回のテストの合格率は**65.8%**でした。

図4-3 「マーカー強調」+「太字」の例

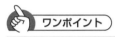 ワンポイント

CSSを使った文字の装飾

　文字の装飾はCSSで指定するのが基本です。ここで紹介したタグを使用しても特に問題はありませんが、できればCSSを使って書式を指定するようにしてください。CSSの使い方は、本書のステップ08以降で詳しく解説します。

4.2　上付き文字 \<sup>、下付き文字 \<sub>

　続いては、数学や物理、化学などでよく利用される上付き文字／下付き文字の指定方法を解説します。x^2のように文字を上付き文字で表示させるときは**\^{～ \}**のタグを使用します。同様に、下付き文字は**_{～ \}**で指定します。

```
<p>y=x<sup>2</sup>+3のグラフは放物線になります。</p>
<p>水の化学記号はH<sub>2</sub>Oです。</p>
```

y=x^2+3のグラフは放物線になります。

水の化学記号はH$_2$Oです。

図4-4 「上付き文字」と「下付き文字」の例

文字の内容を指定するタグ

　HTMLには、以下に示したようなタグも用意されています。これらは「文字を装飾するタグ」ではなく、「文字の内容を指定するタグ」となります。このため、Webブラウザごとに文字の表示方法は異なります。一般的には、太字や斜体で文字が表示されるケースが多いようです。

\<em\> 〜 \</em\>
強調したい文字であることを示します。

\<strong\> 〜 \</strong\>
\<em\> 〜 \</em\> よりも重要性が高い文字であることを示します。

\<dfn\> 〜 \</dfn\>
定義語であることを示します。

\<pre\> 〜 \</pre\>
このタグを指定した範囲は等幅フォントで表示され、スペースや改行もそのまま画面に表示されます。Webページにプログラムなどを掲載する場合に使用します。

\<code\> 〜 \</code\>
プログラムなどの「ソースコード」であることを示します。このタグを指定した範囲は、等幅フォントで表示されます。

\<kbd\> 〜 \</kbd\>
キーボードなどを使って「入力する文字」であることを示します。

\<cite\> 〜 \</cite\>
参照元や出典を示す場合に指定します。

　また、以下のタグも「文字の内容を指定するタグ」と考えられます。ただし、これらのタグを使用するときは、「開始タグ」に属性を記述する必要があります。属性についてはステップ05で詳しくは解説します。

\<q cite="URL"\> 〜 \</q\>
短い引用文であることを示します。"URL" の部分には引用元のURLを記述します。

\<blockquote cite="URL"\> 〜 \</blockquote\>
長い引用文であることを示します。"URL" の部分には引用元のURLを記述します。

演 習

（1）sample03-3.html（P20）のとおりにHTMLを作成し、その後、以下のように文字の装飾を指定してみましょう。

- 本文中の（※1）と（※2）を**上付き文字**で表示します。
- 「年間260万人以上（※2）が受験するテスト」の文字を**太字**で表示します。
- 「Educational Testing Service」を**斜体**で表示します。
- 「合否ではなくスコアで英語力を評価する」の文字を**マーカー強調**で表示します。

Step 05

画像の掲載

続いては、Webページに画像を掲載する方法を紹介します。また、要素（開始タグ）に属性を指定するときのルールについても解説しておきます。

5.1 Webページに利用できる画像

HTMLは文字だけで構成されるテキストファイルとなります。このため、HTMLファイル内に画像データを保存することはできません。Webページに画像を掲載するときは、画像ファイルを別に用意しておく必要があります。また、画像のファイル名は**半角文字**にしておくのが基本です。

Webページに掲載できる画像の形式は、**JPEG（.jpg）**、**GIF（.gif）**、**PNG（.png）** の3種類です。他の画像形式に対応しているWebブラウザもありますが、必ずしも正しく表示されるとは限りません。また、必要以上にデータが大きくなってしまう場合もあります。よって、JPEG、GIF、PNGのいずれかの画像形式を使用するのが一般的です。

5.2 画像ファイルの拡張子の確認

Webページに画像を掲載するときは、あらかじめ画像ファイルの**拡張子**を調べておく必要があります。画面に拡張子を表示させるときは、以下のように操作します。

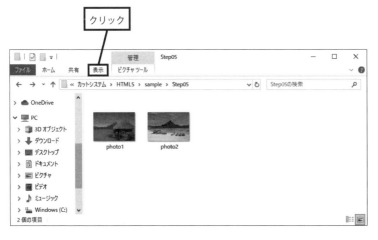

図5-1
画像ファイルが保存されているフォルダーを開き、［表示］タブをクリックします。

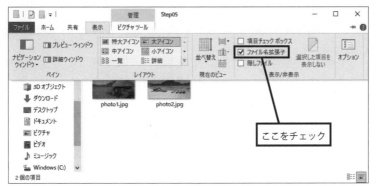

図5-2
「ファイル名拡張子」のチェックボックスをONにします。

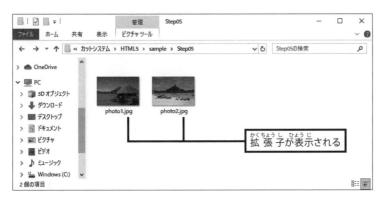

図5-3
拡張子を含めた形でファイル名が表示されます。

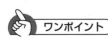

ワンポイント

拡張子を非表示に戻す

　拡張子を表示した状態のまま「ファイル名の変更」などの操作を行うと、誤って拡張子の部分まで変更してしまう恐れがあります。よって、画像ファイルの拡張子を確認できたら「ファイル名拡張子」のチェックをOFFにして、拡張子を表示しない設定に戻しておくことをお勧めします。

ワンポイント

撮影した写真のサイズ調整

　スマートフォンやデジタルカメラで撮影した写真は、JPEG形式の画像ファイルになるのが一般的です。このため、画像形式を変換しなくてもWebページに掲載できます。ただし、画像のサイズが大きすぎる傾向があるため、あらかじめ画像編集アプリでサイズを調整しておく必要があります。

5.3 画像の配置 <img>

　ここからは、Webページに画像を掲載する方法について解説していきます。画像を掲載するときは**img要素**を使用し、画像のファイル名を**src属性**で指定します。すると、img要素を記述した位置に画像を配置することができます。

　たとえば、「photo1.jpg」という名前の画像ファイルをWebページに掲載するときは、<img src="photo1.jpg">とimgタグを記述します。なお、imgは終了タグが不要な要素となるため、</img>を記述する必要はありません。

▼ sample05-1.html

```
 1   <!DOCTYPE html>
 2
 3   <html lang="ja">
 4
 5   <head>
 6   <meta charset="UTF-8">
 7   <title>画像の掲載</title>
 8   </head>
 9
10   <body>
11   <h1>南の島の美しい風景</h1>
12   <p>このページでは、南の島の美しい風景写真を紹介していきます。</p>
13   <img src="photo1.jpg">         ┐
14   <img src="photo2.jpg">         ┘── 画像の配置
15   <p>上の写真は、タヒチにあるボラボラ島の風景です。<br>
16   美しい海が広がる南国の島として、日本でも人気の高いビーチリゾートです。</p>
17   </body>
18
19   </html>
```

photo1.jpg　　photo2.jpg

図5-4　画像の配置

Webページに画像を掲載するときは、画像ファイルの保存場所にも注意しなければいけません。画像ファイルは、HTMLファイルと同じフォルダーに保存しておくのが基本です。他のフォルダーに画像ファイルを保存することも可能ですが、この場合はパスの記述が必要となります（詳しくはステップ07で解説）。

　また、ファイル名の大文字／小文字にも注意しなければいけません。Webサーバーによっては、アルファベットの大文字／小文字が別の文字として区別される場合があります。よって、大文字／小文字を含めて、ファイル名を正しく記述する必要があります。

5.4　altテキストの指定

　Webページに画像を掲載するときは、**alt テキスト**を指定しておく必要もあります。alt テキストは、何らかのトラブルにより画像が正しく表示されなかった場合に、画像の代わりに表示される代替文字となります。また、目の不自由な方に画像の内容を伝える手段にもなります（alt テキストの文字が音声ブラウザで読み上げられます）。

　alt テキストを指定するときは、img タグに **alt 属性**を追加し、その値に画像の説明文を記述します。

```
<img src="photo1.jpg" alt="水上コテージ">
<img src="photo2.jpg" alt="マリンスポーツが楽しめる海岸">
```

図5-5　altテキスト
何らかのトラブルにより画像が表示されなかったときは、alt テキストの内容が
Web ブラウザに表示されます。

src属性やalt属性のように、属性の指定が必要となる要素もあります。属性を指定するときは、**属性名="値"** という形で記述するのが基本です。そのほか、属性の記述には以下のようなルールがあります。

- 属性は「開始タグ」の中に記述します。
- 属性名や「=」（イコール）、「"」（ダブルクォーテーション）は半角文字で記述します。
- 属性名の記述は、大文字でも小文字でも構いません。
- 属性をいくつも指定するときは、それぞれの間に1つ以上の半角スペースを挿入します。

属性の指定は、Webページの作成に欠かせない作業となるので、必ず覚えておくようにしてください。

演習

（1）以下のようなWebページを作成してみましょう。画像のaltテキストには「ボラボラ島の水上コテージ」という文字を指定します。

※この演習で使用する画像は、以下のURLからダウンロードできます。
https://cutt.jp/books/978-4-87783-808-9/

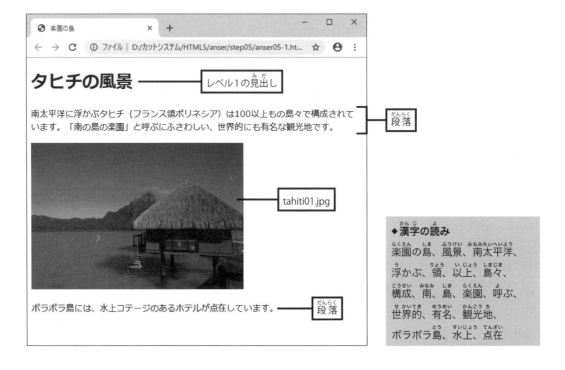

リンクの作成－1

リンクをクリックすることで、次々とページを移動できるのもWebの魅力の一つです。続いては、HTMLでリンクを作成する方法について学習します。

6.1 リンクの作成 \<a\>

別のWebページへ移動する**リンク**は、**a要素**を使って作成します。まずは、文字のリンクを作成する方法から解説していきます。

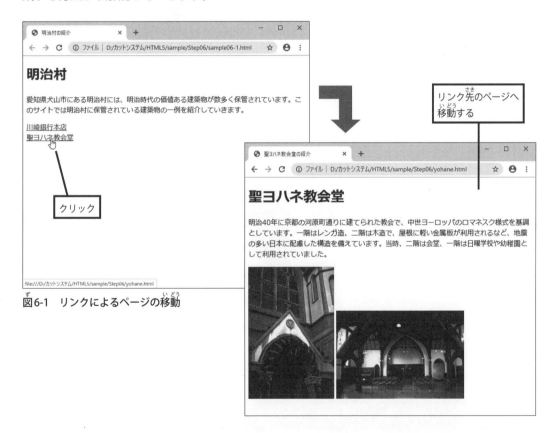

図6-1 リンクによるページの移動

文字のリンクを作成するときは、その文字を**\<a\>～\</a\>**のタグで囲んで記述します。さらに、aタグに**href属性**を追加して、その値にリンク先のHTMLファイル名を指定します。すると、\<a\>～\</a\>で囲んだ範囲の文字が「青色＋下線」の書式になり、リンクとして機能します。

たとえば、以下のようにHTMLを記述すると、「聖ヨハネ教会堂」の文字を「yohane.htmlへ移動するリンク」として機能させることができます。

```
<a href="yohane.html">聖ヨハネ教会堂</a>
```

6.2　画像リンクの作成

　続いては、画像のリンクを作成する方法を解説します。この場合は、画像を配置するimg要素を<a>～</a>で囲んで記述します。文字のリンクを作成する場合と同様に、aタグのhref属性にはリンク先のHTMLファイル名を指定します。

```
<a href="kawasaki.html"><img src="kawasaki-s.jpg" alt="川崎銀行本店"></a>
```

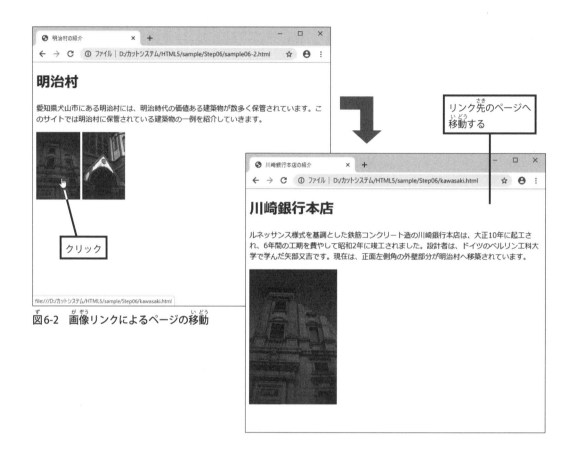

図6-2　画像リンクによるページの移動

6.3　別サイトへのリンク

　自分が作成したWebページではなく、別のWebページへ移動するリンクを作成したい場合もあると思います。この場合は、aタグのhref属性に**リンク先のURL**を指定します。たとえば、「明治村」のWebサイトへリンクする場合は、そのURLとなる「https://www.meijimura.com/」をhref属性に指定します。

```
<a href="https://www.meijimura.com/">明治村</a>
```

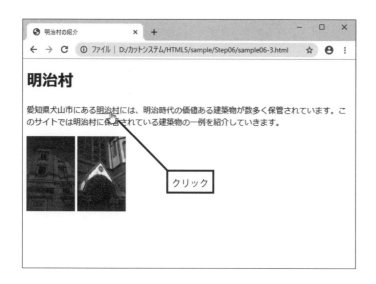

クリック

リンク先のURLへ移動する

図6-3　別サイトへのリンク

演習

(1) 以下の図のようにWebページを作成し、「anser06-1.html」という名前で保存してみましょう。
　　・ページタイトルに「タヒチの水上コテージ」を指定します。
　　・各画像のaltテキストに「水上コテージの写真」という文字を指定します。
　　※この演習で使用する画像は、以下のURLからダウンロードできます。

https://cutt.jp/books/978-4-87783-808-9/

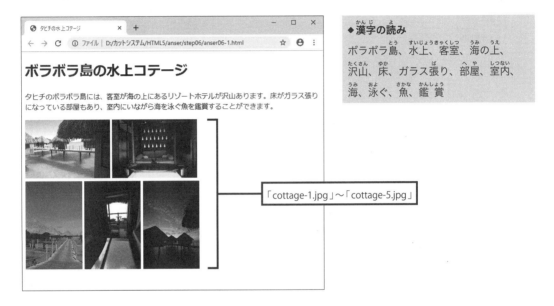

◆漢字の読み
ボラボラ島、水上、客室、海の上、
沢山、床、ガラス張り、部屋、室内、
海、泳ぐ、魚、鑑賞

「cottage-1.jpg」～「cottage-5.jpg」

(2) ステップ05の演習（1）で作成したHTMLに、以下の図のようなリンクを追加してみましょう。
　　・「タヒチ観光局」のWebサイトのURLは「https://tahititourisme.jp/」です。

◆漢字の読み
水上コテージ、紹介、観光局

「anser06-1.html」へのリンク

「タヒチ観光局」のWebサイトへのリンク

Step 07 リンクの作成－2

a要素には、リンク先を新しいタブに表示したり、目的の位置までページをスクロールしたりする機能も用意されています。続いては、少し特殊なリンクとパスの記述について学習します。

7.1 元のページを維持したままリンク先を開く

通常のリンクは「現在のページ」から「リンク先のページ」へ移動する機能となります。一方、ここで紹介するリンクは、現在のページを維持したまま、新しいタブにリンク先を表示させる機能となります。

このようなリンクは、aタグに**target="_blank"**という記述を追加すると作成できます。**target**属性はリンク先を表示する場所を指定する属性です。この値に**"_blank"**を指定すると、新しいタブが自動的に作成され、そこにリンク先が表示されます。

```
<a href="https://www.meijimura.com/" target="_blank">明治村</a>
```

図7-1　新しいタブにリンク先を表示

target 属性に指定できる値

target 属性に「ウィンドウ名」を指定することも可能です。たとえば、target="sub01" と記述した場合、以下のようにリンク先が表示されます。

・**"sub01" という名前のタブ（ウィンドウ）がない場合**

新しいタブを作成し、そこにリンク先を表示します。作成されたタブ（ウィンドウ）には "sub01" という名前が付けられます。

・**"sub01" という名前のタブ（ウィンドウ）がある場合**

"sub01" のタブ（ウィンドウ）にリンク先を表示します。

target="_blank" の場合は、リンクがクリックされる毎に新しいタブが作成されるため、タブの数が次々と増えてしまいます。このような場合は、ウィンドウ名を指定してリンク先を表示させると、タブの数が必要以上に増えるのを防ぐことができます。

7.2 パスの記述

続いては、「リンク先のHTMLファイル」が別のフォルダーに保存されているときの記述方法について解説します。この場合は、**パス**を含めた形でhref属性を指定しなければなりません。

自身より下位のフォルダーに「リンク先のHTMLファイル」が保存されている場合は、そのフォルダー名を含めた形でhref属性を指定します。フォルダー名とファイル名の区切りには「**/**」（スラッシュ）を使用します。

逆に、自身より上位のフォルダーに「リンク先のHTMLファイル」が保存されている場合は、「1つ上のフォルダー」を示す記号「**../**」を記述します。たとえば、**図7-2**のようにフォルダーが構成されている場合、以下のようにリンクを記述します。

▼「index.html」から「yohane.html」へリンクする場合

```
<a href="page2/yohane.html"> …… </a>
```

▼「yohane.html」から「index.html」へリンクする場合

```
<a href="../index.html"> …… </a>
```

▼「yohane.html」から「kawasaki.html」へリンクする場合

```
<a href="../page1/kawasaki.html"> …… </a>
```

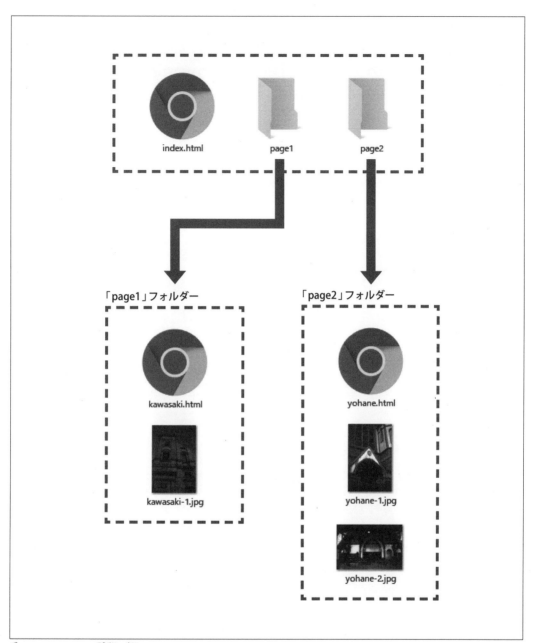

<ruby>図<rt>ず</rt></ruby>7-2　フォルダー<ruby>構成<rt>こうせい</rt></ruby>の<ruby>例<rt>れい</rt></ruby>

　　img<ruby>要素<rt>ようそ</rt></ruby>で<ruby>画像<rt>がぞう</rt></ruby>を<ruby>配置<rt>はいち</rt></ruby>するときも<ruby>同様<rt>どうよう</rt></ruby>です。「HTMLファイル」と「<ruby>画像<rt>がぞう</rt></ruby>ファイル」が<ruby>別<rt>べつ</rt></ruby>のフォルダーに<ruby>保存<rt>ほぞん</rt></ruby>されている<ruby>場合<rt>ばあい</rt></ruby>は、パスを<ruby>含<rt>ふく</rt></ruby>めた<ruby>形<rt>かたち</rt></ruby>で**src**<ruby>属性<rt>ぞくせい</rt></ruby>を<ruby>指定<rt>してい</rt></ruby>しなければなりません。たとえば、**図7-2**のようにファイルが<ruby>保存<rt>ほぞん</rt></ruby>されている<ruby>場合<rt>ばあい</rt></ruby>、「index.html」に「kawasaki-1.jpg」の<ruby>画像<rt>がぞう</rt></ruby>を<ruby>配置<rt>はいち</rt></ruby>するには、<ruby>以下<rt>いか</rt></ruby>のようにsrc<ruby>属性<rt>ぞくせい</rt></ruby>を<ruby>記述<rt>きじゅつ</rt></ruby>する<ruby>必要<rt>ひつよう</rt></ruby>があります。

```
<img src="page1/kawasaki-1.jpg">
```

7.3 ページ内リンクの作成

　続いては、**ページ内リンク**について紹介します。このリンクは別のページへ移動するのではなく、ページを上下にスクロールさせる機能となります。**図7-3**のように上下に長いWebページの場合、目的の箇所を見つけるのは大変です。このような場合にページ内リンクを作成しておくと、目的の位置へ即座にスクロールさせることができます。

図7-3　ページ内リンク

　ページ内リンクを作成するときは、aタグのhref属性を**"#リンク先のID名"**という形で指定します。もちろん、リンク先となる位置に目印を付けておく必要もあります。この目印は、a要素と**id**属性を使って以下の例のように指定します。目印となる部分も<a>～</a>のタグで囲まれますが、このa要素にはhref属性がないため、リンクとして扱われることはありません。

▼sample07-2.html

```
1   <!DOCTYPE html>
2
3   <html lang="ja">
4
5   <head>
6   <meta charset="UTF-8">
7   <title>都道府県の統計</title>
8   </head>
9
10  <body>
11  <h1>都道府県の面積と人口</h1>
12  <p>※平成27年国勢調査（総務省統計局）より<p>
```

```
13  <hr>
14    <a href="#hokkaido">北海道</a>
15    <a href="#tohoku">東北</a>
16    <a href="#kanto">関東</a>
17    <a href="#chubu">中部・北陸</a>
18    <a href="#kinki">近畿</a>
19    <a href="#chugoku">中国・四国</a>
20    <a href="#kyusyu">九州・沖縄</a>
21  <hr>
22
23  <a id="hokkaido"><h2>【北海道地方】</h2></a>
24  <p><b>北海道</b><br>
25    人口： 538.2万人<br>
26    面積： 83,424km<sup>2</sup></p>
27  <hr>
28
29  <a id="tohoku"><h2>【東北地方】</h2></a>
30  <p><b>青森県</b><br>
31    人口： 130.8万人<br>
32    面積： 9,646km<sup>2</sup></p>
33  <p><b>岩手県</b><br>
34    人口： 128.0万人<br>
35    面積： 15,275km<sup>2</sup></p>
                    ⋮
50  <a id="kanto"><h2>【関東地方】</h2></a>
51  <p><b>茨城県</b><br>
52    人口： 291.7万人<br>
53    面積： 6,097km<sup>2</sup></p>
                    ⋮
180 <p><b>沖縄県</b><br>
181   人口： 143.4万人<br>
                    ⋮
```

14〜20行目: ページ内リンクの指定

23行目: 目印の指定

29行目: 目印の指定

50行目: 目印の指定

演習

（1）ステップ06の演習（2）で作成したHTMLファイルを以下のように変更してみましょう。

・「タヒチ観光局のWebサイト」のリンク先を、新しいタブに表示します。
・「cottage」という名前のフォルダーを作成します。
・「anser06-1.html」と「cottage-1.jpg」〜「cottage-5.jpg」を「cottage」フォルダーへ移動します。
・各リンクが正しく機能するようにパスを記述します。

Step 08 CSSの基本－1

ここからは、文字や画像などの書式を指定する方法を解説していきます。これらの書式を指定するには、HTMLに加えてCSSという言語を記述しなければいけません。まずは、CSSの基本について解説します。

8.1 CSSとは？

CSS[※1]は、Webページ内の各要素について、文字サイズや文字色、背景色などの書式を指定する言語です。各要素のサイズを指定したり、周囲に枠線を描画したりする場合にもCSSを使用します。HTMLが「Webページの内容を記述する言語」となるのに対して、CSSは「各要素のデザインを指定する言語」となります。

CSSはWebページの作成に欠かせない言語なので、この機会に使い方を学んでおいてください。

（※1）Cascading Style Sheets（カスケーディング・スタイル・シート）の略称。

8.2 CSSを記述するときのルール

それでは、CSSの記述方法について解説していきましょう。CSSを使用するときは、**プロパティ**と**値**を「**:**」（コロン）で区切って記述します。属性のように「=」で値を指定しないことに注意してください。

上記の例は、font-sizeというプロパティに20pxを指定した場合の記述です。このように記述すると、文字サイズを20ピクセルに指定することができます。なお、この記述の最後にある「**;**」（セミコロン）は「プロパティの区切り」を示す記号となります。プロパティをいくつも列記するときは、その間に必ず「**;**」を記述しなければいけません。以下のように改行して記述する場合も、必ず「**;**」の記述が必要になります。

```
font-size:20px;
color:white;
background-color:black;
```

そのほか、CSSには以下のような記述ルールがあります。

　・CSSは半角文字で記述しなければいけません。
　・半角スペース、タブ文字、改行は無視されます。
　・値を数値で指定するときは、その単位を記述するのが基本です。

CSSでは以下のような単位を利用できます。

■CSSで利用できる主な単位（絶対単位）

単位の記述	読み方（意味）
cm	センチメートル
mm	ミリメートル
in	インチ
pt	ポイント（1ポイント＝1/72インチ）

■CSSで利用できる主な単位（相対単位）

単位の記述	読み方（意味）
rem	レム（ルート要素の文字サイズを1として相対的にサイズを指定）
em	エム（現在の文字サイズを1として相対的にサイズを指定）
px	ピクセル（画面の1ピクセルを基準にサイズを指定）
%	パーセント（親要素のサイズを基準に相対的にサイズを指定）

8.3　CSSの記述方法

続いては、CSSで書式を指定する方法を具体的に紹介していきます。CSSの記述方法は以下の4種類が用意されています。

　① style属性を使ってCSSを指定する
　② 要素に対してCSSを指定する
　③ クラスに対してCSSを指定する
　④ IDに対してCSSを指定する

このステップでは、①のstyle属性を使ってCSSを指定する方法について解説します。なお、②〜④の方法についてはステップ09で詳しく解説します。

8.4 指定方法① style属性でCSSを指定

　それぞれの要素に対して書式を指定するときは、**style属性**を使ってCSSを指定します。具体的な例で見ていきましょう。以下は、2番目のp要素に「font-size:20px;」というCSSを指定した例です。これをWebブラウザで閲覧すると、CSSを指定した部分が20ピクセルの文字サイズで表示されるのを確認できます。

▼sample08-1.html

```
1   <!DOCTYPE html>
2
3   <html lang="ja">
4
5   <head>
6   <meta charset="UTF-8">
7   <title>TOEICの紹介</title>
8   </head>
9
10  <body>
11  <h1>TOEICの紹介</h1>
12  <h2>TOEICとは？</h2>
13  <p>TOEICは、アメリカのテスト開発機関ETSによって開発・制作された、英語のコミュニケーション能力を測定する国際的なテストです。約160カ国で実施されており、日本では年間260万人以上が受験するテストとして広く認識されています。</p>
14  <p style="font-size:20px;">TOEICは、合否ではなくスコアで英語力を評価する仕組みになっており、各自の英語力を測定する一つの目安として活用されています。</p>
15  </body>
16
17  </html>
```

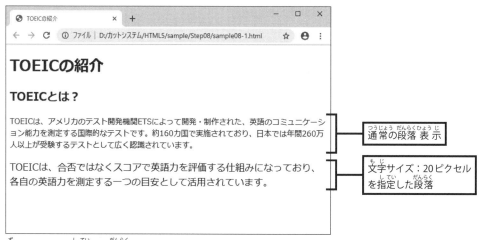

図8-1　CSSを指定した段落

さらに、h1要素にもstyle属性を追加し、CSSで書式を指定した例を以下に示しておきます。この例では、「background-color:black;」で背景色を黒色に、「color:white;」で文字色を白色に変更しています。

▼sample08-2.html

```
1   <!DOCTYPE html>
2
3   <html lang="ja">
4
5   <head>
6   <meta charset="UTF-8">
7   <title>TOEICの紹介</title>
8   </head>
9
10  <body>
11  <h1 style="background-color:black; color:white;">TOEICの紹介</h1>
12  <h2>TOEICとは？</h2>
13  <p>TOEICは、アメリカのテスト開発機関ETSによって開発・制作された、英語のコミュニケーション能力を測定する国際的なテストです。約160カ国で実施されており、日本では年間260万人以上が受験するテストとして広く認識されています。</p>
14  <p style="font-size:20px;">TOEICは、合否ではなくスコアで英語力を評価する仕組みになっており、各自の英語力を測定する一つの目安として活用されています。</p>
15  </body>
16
17  </html>
```

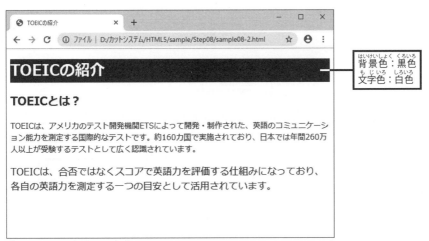

図8-2　CSSを指定した見出し

なお、それぞれの書式指定に利用するプロパティについては、本書のステップ10以降で詳しく解説していきます。このステップでは、CSSの基本的な記述方法を学んでください。

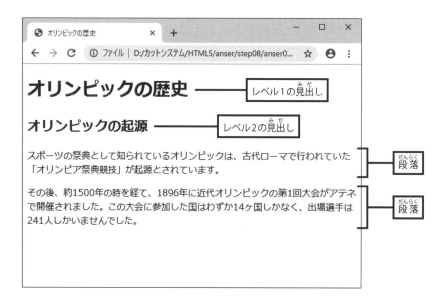演 習

(1) 以下のようなWebページを作成してみましょう。

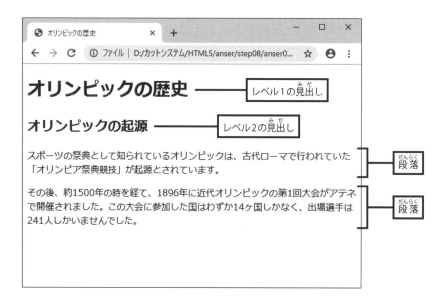

◆漢字の読み
歴史、起源、祭典、知られ、古代、行われ、祭典 競技、起源、
その後、約1500年、時を経て、近代、第1回、大会、開催、参加、国、14ヶ国、出場、選手、241人

(2) 以下の図に示したCSSを style 属性で指定してみましょう。

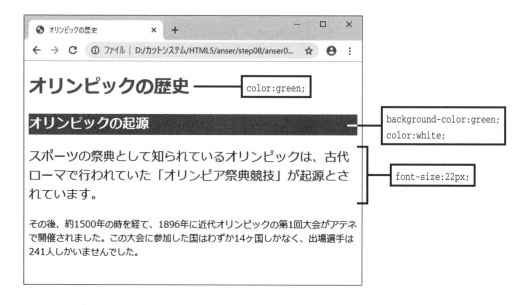

Step 09 CSSの基本－2

続いては、要素に対してCSSを指定したり、クラスやIDに対してCSSを指定したりする方法を解説します。より実践的なCSSの使い方となるので、必ず覚えておくようにしてください。

9.1 <head> 〜 </head> にCSSを記述する場合

ステップ08で解説したCSSの記述方法は、直感的でわかりやすい反面、「CSSを何回も記述しなければならない」という欠点があります。たとえば、h2要素の書式を指定するときは、h2要素が登場するたびに同じstyle属性を何回も記述しなければなりません。

そこで、要素に対してCSSを指定する方法も覚えておくと便利です。この場合は、<head> 〜 </head>内に **<style> 〜 </style>** を記述し、この中にCSSを記述します。

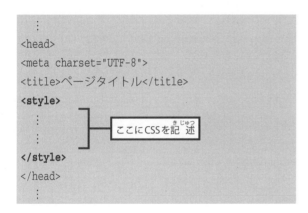

```
           ⋮
<head>
<meta charset="UTF-8">
<title>ページタイトル</title>
<style>
   ⋮
   ⋮ ─── ここにCSSを記述
   ⋮
</style>
</head>
   ⋮
```

ワンポイント

style要素を記述する位置

HTML5.2では、<body> 〜 </body>の中に **<style> 〜 </style>** を記述することも可能です。

9.2 指定方法② 要素に対してCSSを指定

それでは、具体的な例を使って解説していきましょう。まずは、**要素の書式をCSSで指定する**方法から解説していきます。要素の書式をCSSで指定するときは、最初に**要素名**を記述し、続けて {……} の中に**プロパティ：値；**を記述します。たとえば、h2要素の書式を指定するときは、次ページのようにCSSを記述します。

▼ sample09-1.html

```
 1  <!DOCTYPE html>
 2
 3  <html lang="ja">
 4
 5  <head>
 6  <meta charset="UTF-8">
 7  <title>TOEICの紹介</title>
 8  <style>
 9  h2{background-color:black; color:white; padding:4px;}  ── h2要素のCSS
10  </style>
11  </head>
12
13  <body>
14  <h1>TOEICの紹介</h1>
15  <h2>TOEICとは？</h2>
16  <p>TOEICは、アメリカのテスト開発機関ETSによって開発・制作された、英語のコミュニケーシ
    ョン能力を測定する国際的なテストです。約160カ国で実施されており、日本では年間260万人以
    上が受験するテストとして広く認識されています。</p>
17  <h2>TOEICの評価方法</h2>
18  <p>TOEICは、合否ではなくスコアで英語力を評価する仕組みになっており、各自の英語力を測定
    する一つの目安として活用されています。</p>
19  <p>（参考）2019年7月に実施されたテストの平均スコアは581.5点でした。</p>
20  </body>
21
22  </html>
```

図9-1　要素に対してCSSを指定（1）

このとき、「プロパティ：値；」を改行して記述しても構いません。CSSでは、改行や半角スペースが無視されるため、以下のように記述してもsample09-1.htmlと同じ結果を得られます。

▼ sample09-2.html

```
     ⋮
 8   <style>
 9     h2{
10       background-color: black;
11       color: white;
12       padding: 4px;
13     }
14   </style>
     ⋮
```

参考までに、このCSSで指定されている書式について紹介しておきます。現時点では「プロパティ：値；」の記述方法を理解できないと思いますが、これについては本書のステップ10以降で詳しく解説していきます。

```
background-color: black; ·················· 背景色：黒色
color: white; ·········································· 文字色：白色
padding: 4px; ······································· 周囲に「4ピクセル」の余白を設ける
```

もちろん、同様の記述を繰り返して、他の要素に対して書式を指定することも可能です。以下は、「p要素の書式を指定するCSS」を追加した例です。

▼ sample09-3.html

```
     ⋮
 8   <style>
 9     h2{
10       background-color: black;
11       color: white;
12       padding: 4px;
13     }
14     p{
15       font-size: 20px;          ┐
16       line-height: 1.5;         ├─ p要素のCSS
17     }                           ┘
18   </style>
     ⋮
```

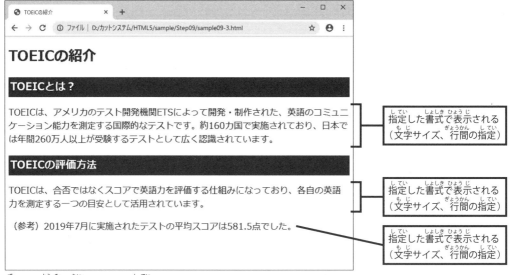

図9-2　要素に対してCSSを指定（2）

9.3　指定方法③　クラスに対してCSSを指定

　続いては、**クラス**に対して書式を指定する方法を解説します。この方法は、特定の要素だけに書式を指定したい場合に活用できます。たとえば、1〜2番目のp要素だけに書式を指定したい場合に、9.2節の方法で書式を指定すると、すべてのp要素に同じ書式が適用されてしまいます。

　このような場合は、要素に**class属性**を追加し、クラスに対して書式を指定します。class属性の値には、好きなクラス名をアルファベットまたは数字で指定します。

　具体的な例で解説していきましょう。以下は、1番目と2番目のp要素に "primary" というクラス名を指定し、このクラスに対して書式を指定した例です。クラスの書式を指定するときは、先頭に「**.**」（ピリオド）を付けて、**.クラス名 {……}** という形式でCSSを記述します。

▼ sample09-4.html

```
      :
 8  <style>
 9    h2{
10      background-color: black;
11      color: white;
12      padding: 4px;
13    }
14    .primary{
15      font-size: 20px;
16      line-height: 1.5;
17    }
18  </style>
```

クラス名 "primary" のCSSを指定

```
19    </head>
20
21    <body>
22    <h1>TOEICの紹介</h1>
23    <h2>TOEICとは？</h2>
24    <p class="primary">TOEICは、アメリカのテスト開発機関ETSによって開発・制作された、英語の
      コミュニケーション能力を測定する国際的なテストです。約160カ国で実施されており、日本では
      年間260万人以上が受験するテストとして広く認識されています。</p>
25    <h2>TOEICの評価方法</h2>
26    <p class="primary">TOEICは、合否ではなくスコアで英語力を評価する仕組みになっており、各
      自の英語力を測定する一つの目安として活用されています。</p>
27    <p>（参考）2019年7月に実施されたテストの平均スコアは581.5点でした。</p>
28    </body>
29
30    </html>
```

　クラスに対してCSSを指定すると、そのクラス名を持つ要素だけに書式が適用されます。クラ
ス名が異なる要素（またはクラス名がない要素）には影響を与えないため、特定の要素だけに書
式を指定する方法として活用できます。

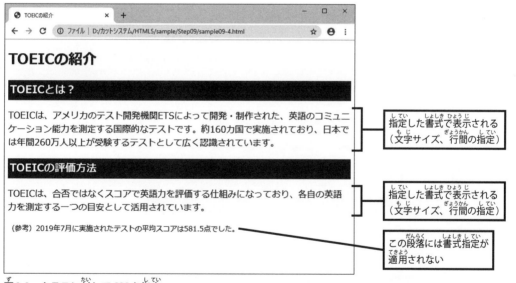

図9-3　クラスに対してCSSを指定

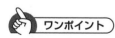

要素名.クラス名{……}

　p.primary{……}のように、「.」の前に「要素名」を記述してCSSを指定することも可能で
す。この場合は、「"primary"のクラス名を持つp要素」だけが書式指定の対象になります。

9.4 指定方法④ IDに対してCSSを指定

　最後に、IDに対してCSSを指定する方法を紹介します。この場合は、先頭に「#」（シャープ）を付けて、#ID名 { …… } という形式でCSSを記述します。たとえば、ID名が "note" の要素の書式を指定するときは、以下のようにCSSを記述します。

▼ sample09-5.html

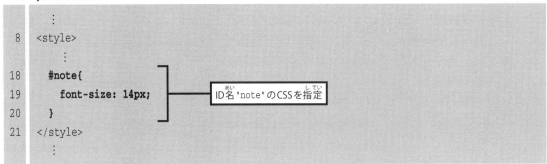

```
      ⋮
8   <style>
      ⋮
18    #note{
19      font-size: 14px;
20    }
21  </style>
      ⋮
```

ID名 "note" のCSSを指定

　各要素のID名は **id属性** で指定します。ID名には、好きな文字をアルファベットまたは数字で指定できます。

▼ sample09-5.html

```
   ⋮
30  <p id="note">（参考）2019年7月に実施されたテストの平均スコアは581.5点でした。</p>
   ⋮
```

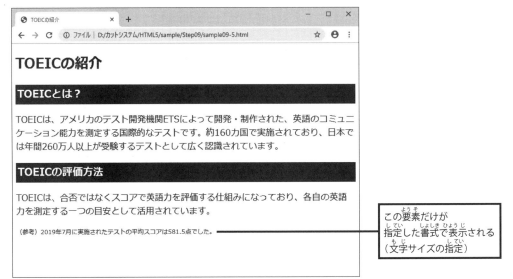

この要素だけが
指定した書式で表示される
（文字サイズの指定）

図9-4　IDに対してCSSを指定

なお、「同じID名」を複数の要素に指定することはできません。このため、前ページに示した方法は「特定の1つの要素」に対してのみCSSを指定する方法となります。

演習

（1）ステップ08の演習（2）で作成したHTMLからstyle属性をすべて削除し、各要素に対して以下のCSSを指定してみましょう。

> **h1要素** ················ color: orange;
> **h2要素** ················ background-color: orange;
> 　　　　　　　　　color: white;
> 　　　　　　　　　padding: 5px;
> **p要素** ··················· font-size: 18px;
> 　　　　　　　　　line-height: 1.6;

（2）1番目のp要素に "red" というクラス名を指定し、このクラスに対して以下のCSSを指定してみましょう。

> **.red** ····················· color: red;

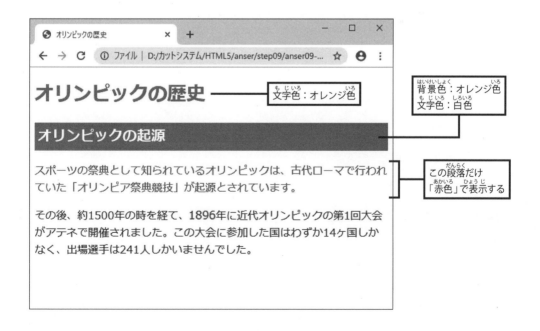

Step 10

文字書式の CSS − 1

ここからは、CSSのプロパティについて解説していきます。まずは、文字サイズや文字色などの「文字の書式」を指定するプロパティについて解説します。

10.1 文字サイズの指定 font-size

CSSで文字サイズを指定するときは **font-size** プロパティを使用し、その値に **単位付きの数値** を指定します。そのほか、smallやlargeなどの値で文字サイズを指定することも可能です。

■font-sizeに指定できる値

値	指定内容
smaller	現在より1段階小さい文字サイズに変更
larger	現在より1段階大きい文字サイズに変更
xx-small	
x-small	
small	文字サイズを7段階で指定
medium	※下に行くほど大きい文字サイズになります。
large	
x-large	
xx-large	

（指定例）
```
font-size: 24px;
font-size: larger;
```

14pxの文字	xx-smallの文字
16pxの文字	x-smallの文字
18pxの文字	smallの文字
20pxの文字	mediumの文字
24pxの文字	largeの文字
28pxの文字	x-largeの文字
	xx-largeの文字

図10-1 文字サイズの指定

10.2　文字色の指定　color

CSSで**文字色**を指定するときは**color**プロパティを使用し、その値に**色の名前**を指定します。本書の巻頭に「色の名前」の一覧を掲載しておくので、こちらを参考に色を指定してください。

（指定例）
```
color: red;
color: green;
```

　そのほか、**RGBの16進数**で色を指定することも可能です。この色指定については、本書のステップ12で詳しく解説します。

10.3　文字の太さの指定　font-weight

CSSには、**文字の太さ**を指定する**font-weight**プロパティも用意されています。この値には、normal、boldまたは100〜900の数値（単位なし）を指定します。

■**font-weight**に指定できる値

値	指定内容
normal	標準の太さ
bold	太字
100、200、…、900	100〜900の数値で文字の太さを指定（100単位）

（指定例）　`font-weight: bold;`

　ただし、文字の太さを100〜900の9段階で表現できるケースは極めて少なく、通常は2〜3段階しか太さが変化しません。このため、font-weightの値にはnormalまたはboldを指定するのが一般的です。

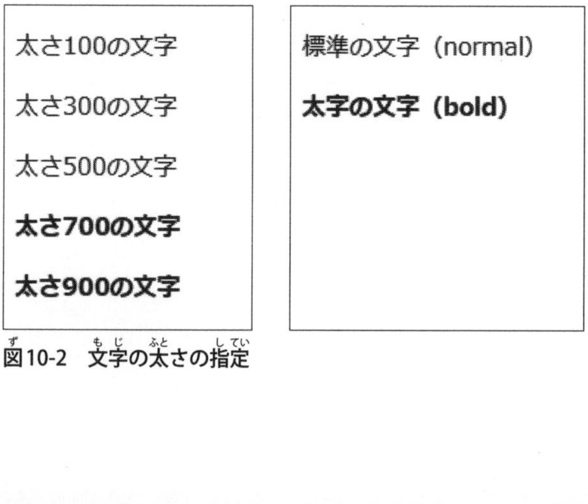

太さ100の文字 太さ300の文字 太さ500の文字 **太さ700の文字** **太さ900の文字**	標準の文字（normal） **太字の文字（bold）**

図10-2　文字の太さの指定

10.4　斜体の指定　font-style

文字を**斜体**にするときは**font-style**プロパティを使用し、以下の表に示した値を指定します。ただし、全角文字（日本語）は斜体にならない場合もあります。

■**font-style**に指定できる値

値	指定内容
normal	標準の文字
italic	斜体（筆記体の斜体）
oblique	斜体（標準の文字を斜めに表示）

（指定例）　font-style: italic;

```
normalの文字

italicの文字

obliqueの文字
```

図10-3　斜体の指定

10.5　装飾線の指定　text-decoration

text-decorationプロパティを使用すると、下線／上線／取り消し線といった**装飾線**を指定できます。

■**text-decoration**に指定できる値（線の位置）

値	指定内容
none	装飾なし
underline	文字の下に線を引きます
overline	文字の上に線を引きます
line-through	文字の中央に線を引きます（取り消し線）

（指定例）　text-decoration: underline;

```
underlineの装飾線

overlineの装飾線

line-throughの装飾線
```

図10-4　装飾線の指定

さらに、装飾線の**色**や**種類**を指定することも可能です。この場合は、半角スペースで区切って「色の名前」や「線の種類」を記述します。

■**text-decoration**に指定できる値（線の種類）

値	指定内容
solid	実線
double	二重線
dotted	点線
dashed	破線
wavy	波線

（指定例）　text-decoration: underline red　double;

solidの装飾線

doubleの装飾線

dottedの装飾線

dashedの装飾線

wavyの装飾線

図10-5　装飾線の種類

10.6　フォントの指定　font-family

文字の**書体**（フォント）指定するときは**font-family**プロパティを使用し、その値に**フォント名**を指定します。このとき、複数のフォント名を「,」（カンマ）で区切って列記することも可能です[※1]。

ただし、OS（Windows / Mac OS / iOS / Android）や機種ごとに利用できるフォントが異なることに注意しなければなりません。指定したフォントを利用できないときは、フォントの指定が無視されます。このため、最後に「フォントの種類」を指定しておくのが基本です。フォントの種類には、以下の表に示した5つの値を指定できます[※2]。

（※1）日本語フォントは、「"」や「'」でフォント名を囲んで記述します。なお、指定したフォント名は、左に記述されているものほど優先度が高くなります。

（※2）cursiveやfantasy、monospaceは、半角文字にしか適用されない場合もあります。また、Webブラウザによっては、指定したフォントの種類が正しく適用されない場合もあります。

■**font-family**に指定できるフォントの種類

値	指定内容
serif	明朝系のフォント
sans-serif	ゴシック系のフォント
cursive	草書体、筆記体系のフォント
fantasy	装飾的なフォント
monospace	等幅フォント

（指定例）
```
font-family: serif;
font-family: "Hiragino Kaku Gothic ProN","メイリオ", sans-serif;
```

明朝系のフォント（serif）

ゴシック系のフォント（sans-serif）

等幅フォントのフォント（monospace）

装飾的なフォント（**fantasy**）

「メイリオ」のフォント

「游明朝」のフォント

「游ゴシック」のフォント

「*HGP行書体*」のフォント

図10-6　フォントの指定

演習

（1）ステップ09の演習（2）で作成したHTMLを開き、指定されているCSSとclass属性をすべて削除しましょう。その後、各要素に対して以下のCSSを指定してみましょう。

h1要素 ·············· 文字サイズ：36px

h2要素 ·············· 文字サイズ：24px
　　　　　　　　　文字色：green（緑色）

p要素 ·············· 文字サイズ：18px
　　　　　　　　　フォント：serif（明朝系のフォント）

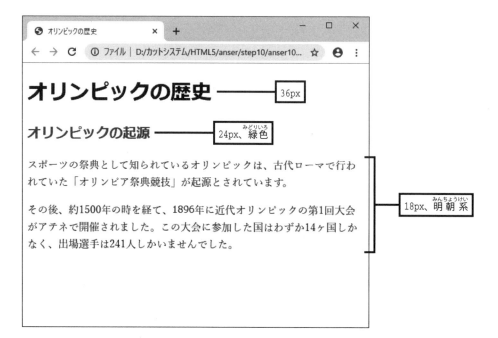

Step

11

文字書式のCSS − 2

続いては、行間や行揃えを指定する方法を解説していきます。また、文字の書式を一括指定するプロパティについても解説します。いずれも、よく使用するプロパティなので、記述方法を覚えておいてください。

11.1 行間の指定 line-height

　行間が狭くて文章を読みづらいと感じるときは、CSSで**行間**の書式を指定します。行間を指定するときは**line-height**プロパティを使用し、その値に**単位付きの数値**または**単位なしの数値**を指定します。単位を付けなかった場合は、文字の高さを1.0として、その倍率で行間が指定されます。たとえば、「line-height:2.0;」と記述すると、文字の高さの2倍の行間を指定できます。

（**指定例**）
```
line-height: 2.0;
line-height: 24px;
```

■通常の段落の表示

「自由の女神」は彫刻家フレデリック・オーギュスト・バルトルディによって製作され、1876年にアメリカ独立100周年の記念としてフランスから贈呈されました。同じ形をした像は東京にもあり、こちらも「自由の女神」と呼ばれています。

■line-height:2.0を指定した段落

「自由の女神」は彫刻家フレデリック・オーギュスト・バルトルディによって製作され、1876年にアメリカ独立100周年の記念としてフランスから贈呈されました。同じ形をした像は東京にもあり、こちらも「自由の女神」と呼ばれています。

図11-1　行間の指定

11.2 文字書式の一括指定 font

　文字の書式を指定するときに、文字サイズ／行間／フォント／斜体／装飾線などの書式を一括指定することも可能です。この場合は**font**プロパティを使用し、それぞれの値を**半角スペースで区切って列記**します。たとえば、「斜体、太字、文字サイズ14px、行間1.5、明朝系のフォント」の書式を一括指定するときは、以下のようにCSSを記述します。

（**指定例**）
```
font: italic bold 14px/1.5 serif;
```

ただし、値を記述する順番が決められていることに注意してください。fontプロパティを使用するときは、以下の順番で書式を指定しなければいけません。

① 斜体の有無（font-styleで指定する値）　※省略可
② 文字の太さ（font-weightで指定する値）　※省略可
③ 文字サイズ/行間（font-size/line-heightで指定する値）　※行間は省略可
④ フォント（font-familyで指定する値）

11.3　行揃えの指定　text-align

文字を「中央揃え」や「右揃え」で配置するときは、行揃えを指定する**text-align**プロパティを使用します。このプロパティの値には、以下の表に示した文字を指定できます。

■**text-align**プロパティに指定できる値

値	指定内容
left	左揃え
center	中央揃え
right	右揃え
justify	両端揃え

（指定例）　text-align: center;

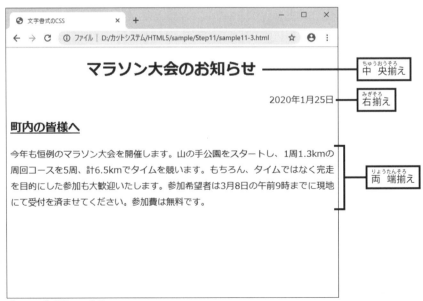

図11-2　行揃えの指定

text-alignプロパティを使って**画像の配置**を指定することも可能です。この場合は、
<p>〜</p>などの中に画像（img要素）を配置し、p要素に対してtext-alignプロパティを
指定します。以下に具体的な例を紹介しておきます。

図11-3　画像の中央揃え

　この例では、画像を含むp要素に「text-align:center;」を指定することにより、画像を
「中央揃え」で配置しています。

▼ sample11-4.html

```
 1  <!DOCTYPE html>
 2
 3  <html lang="ja">
 4
 5  <head>
 6  <meta charset="UTF-8">
 7  <title>文字書式のCSS</title>
 8  <style>
 9    h1{
10      text-align: center;
11    }
12    p{
13      font: 18px/1.5 sans-serif;
14      text-align: center;          p要素に「中央揃え」を指定
15    }
16  </style>
17  </head>
18
```

```
19   <body>
20   <h1>南の島の美しい風景</h1>
21   <p>以下の写真は、タヒチにあるボラボラ島の風景です。<br>美しい海が広がる南国の島として
     人気の高いビーチリゾートです。<br>
22   <br>
23     <img src="photo1.jpg" alt="水上コテージ"><br>
24     <img src="photo2.jpg" alt="マリンスポーツを楽しめる海岸">
25   </p>
26   </body>
27
28   </html>
```

`<p>` ～ `</p>` の中に img要素を配置

演習

(1) ステップ10の演習(1)で作成したHTMLに、以下のCSSを追加してみましょう。

 h1要素 ················ 行揃え：中央揃え
 p要素 ················ 行間：1.5

(2) fontプロパティを使用し、p要素の書式を一括指定するCSSに書き換えてみましょう。

(3) 以下の図のように、「五輪のシンボルマーク」の画像を「中央揃え」で配置してみましょう。

※この演習で使用する画像は、以下のURLからダウンロードできます。

https://cutt.jp/books/978-4-87783-808-9/

※画像を`<p>` ～ `</p>`で囲み、このp要素にstyle属性で「中央揃え」の書式を指定します。
※画像のaltテキストには「五輪のシンボル」という文字を指定します。

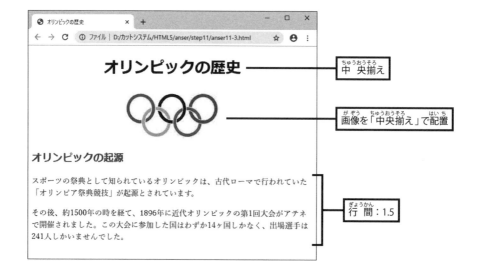

中央揃え

画像を「中央揃え」で配置

行間：1.5

Step 12 CSSの色指定

CSSでは「RGBの16進数」を使って色を指定することがよくあります。ステップ12では、16進数の考え方と、16進数を使った色の指定方法について解説します。

12.1　光の3原色

液晶画面は、赤（Red）、緑（Green）、青（Blue）の3つの色を組み合わせることにより、あらゆる色を再現しています。このため、CSSで色を指定するときも、赤、緑、青の3色を使って色を指定するのが一般的です。

24ビットカラーと呼ばれる色の指定方法では、「赤、緑、青の明るさ」をそれぞれ0〜255の256階調で指定します。たとえば、（赤255、緑0、青255）は紫色、（赤255、緑255、青0）は黄色、（赤255、緑255、青255）は白色、という具合です。以下にいくつかの例を示しておくので参考としてください。

■色の3原色の組み合わせ

赤	緑	青	再現される色	赤	緑	青	再現される色
255	0	0	赤色	0	0	0	黒色
0	255	0	緑色	255	255	255	白色
0	0	255	青色	128	128	128	灰色
255	255	0	黄色	192	192	192	薄い灰色
255	0	255	紫色	255	192	203	ピンク色
0	255	255	水色	255	165	0	オレンジ色

12.2　16進数とは？

赤（Red）、緑（Green）、青（Blue）の階調の指定には**16進数**がよく利用されます。普段、私たちが使用している10進数は、各桁を0〜9の数字で表し、10のn乗ごとに桁数を増やしていく仕組みになっています。一方、16進数では、各桁を0〜15の数字で表し、16のn乗ごとに桁数を増やしていきます。このため、16進数の10は「10進数の16」（16×1）、16進数の20は「10進数の32」（16×2）、16進数の34は「10進数の52」（16×3＋4）となります。

なお、10〜15の数値を1文字で記すために、16進数では0〜9に加えてA〜Fを数字として使用します。各文字と数値の関係は次ページに示したとおりです。

■16進数で使用する文字

10進数	0	1	2	3	4	5	6	7	8	9	10	11	12	13	14	15
16進数	0	1	2	3	4	5	6	7	8	9	A	B	C	D	E	F

12.3　16進数と10進数の変換

　続いては、0〜255の数値について、16進数と10進数の変換方法を紹介します。まずは、10進数を16進数に変換する方法です。この場合は、10進数の数値を16で割り、その「商」と「余り」を求めます。そして、「商」を十の位、「余り」を一の位に配置すると16進数に変換できます。

■10進数 → 16進数の変換例

10進数	計算方法	16進数
7	7 ÷ 16 ＝ 0 余り 7	07
80	80 ÷ 16 ＝ 5 余り 0	50
115	115 ÷ 16 ＝ 7 余り 3	73
198	198 ÷ 16 ＝ 12 余り 6	C6
255	255 ÷ 16 ＝ 15 余り 15	FF

　10進数の0〜255は、2桁の16進数（00〜FF）で表現できます。よって、赤、緑、青の階調も00〜FFの2桁の16進数で表現できます。

　次は、16進数を10進数に戻す方法です。この場合は、先ほどとは逆の計算を行います。16進数の十の位に16を掛け算し、これに一の位の数値を加えると10進数に戻すことができます。

■16進数 → 10進数の変換例

16進数	計算方法	10進数
0E	（0 × 16）＋ 14 ＝ 14	14
41	（4 × 16）＋ 1 ＝ 65	65
90	（9 × 16）＋ 0 ＝ 144	144
BB	（11 × 16）＋ 11 ＝ 187	187

12.4　RGBの16進数で色を指定するには？

　続いては、RGBの16進数で色を指定する方法について解説していきます。先ほど示したように、0〜255の階調は「2桁の16進数」で表現できます。CSSでは、これを赤（Red）、緑（Green）、

青（Blue）の順に左から並べ、6桁の16進数で色を指定します。たとえば、（赤255、緑0、青153）の色を指定するときは、以下のように記述します。

この記述の先頭にある「#」（シャープ）は、以降の文字が16進数であることを示す記号です。「RGBの16進数」で色を指定するときは、必ず先頭に「#」を記述するようにしてください。

「#FF0099」と記述した場合、赤は最も明るく（FF）、緑は最も暗く（00）、青はそれなりに明るい（99）、という色の組み合わせになります。つまり、「赤が強めの紫色」になります。

ただし、理屈は理解できても慣れるまでは思いどおりに色を指定できないと思います。このような場合は、色見本や変換ツールを利用すると便利です。「16進数　カラーコード」などのキーワードで検索すると、「RGBの16進数」を教えてくれるWebページを発見できます。

図12-1　Adobe Color（https://color.adobe.com/ja/create/color-wheel/）

12.5　文字色を「RGBの16進数」で指定

続いては、具体的な記述例を示しておきましょう。ステップ10でも解説したように、「文字の色」を指定するときはcolorプロパティを使用します。この値に「RGBの16進数」を指定すると、好きな色を指定することができます。たとえば、「赤色」を指定するときは、以下のようにCSSを記述します。

```
color: #FF0000;
```

「color:red;」と記述しても「赤色」を指定できますが、この方法は「色の名前」が用意されている色しか指定できません。好きな色を自由に指定できるように、「RGBの16進数」による色の指定方法も覚えておいてください。

12.6 rgb()やrgba()を利用した色指定

16進数で考えるのが難しい場合は、**rgb()**で色を指定しても構いません。この指定方法を利用するときは、カッコ内に赤、緑、青の諧調を「,」（カンマ）で区切って記述します。たとえば、文字色に（赤255、緑0、青255）の「紫色」を指定するときは以下のように記述します。

```
color: rgb(255,0,255);
```

赤、緑、青の諧調をパーセントで表記することもできます。たとえば、以下のようにCSSを記述して「紫色」を指定することも可能です。

```
color: rgb(100%,0%,100%);
```

さらに、半透明の色を指定できる**rgba()**という指定方法も用意されています。この場合は、カッコ内に4番目の値として**不透明度**を記述します。不透明度は0〜1の数値で指定します。0を指定すると「完全に透明」、1を指定すると「透明度なし」として処理されます。半透明を指定するときは、0.5などの数値を指定します。たとえば、（赤255、緑0、青255）で半透明（不透明度0.5）の「紫色」を指定するときは、以下のようにCSSを記述します。

```
color: rgba(255,0,255,0.5);
```

演 習

（1）以下の10進数を16進数に変換してみましょう。
　　　① 97　　　② 28　　　③ 128　　　④ 202

（2）ステップ11の演習（3）で作成したHTMLを開き、h1要素の文字色に（赤204、緑153、青51）を「RGBの16進数」で指定してみましょう。

（3）h2要素の文字色に「RGBの16進数」で好きな色を指定してみましょう。

Step 13 背景のCSS

ステップ13では、Webページや要素の背景色を指定するプロパティについて解説します。また、Webページの背景に画像を配置する方法も紹介します。

13.1 背景色の指定　background-color

背景色を指定するときは**background-color**プロパティを使用し、その値に「色の名前」または「RGBの16進数」を記述します。Webページ全体の背景色を指定するときは、**body要素**に対してbackground-colorを指定します。同様に、h1やh2、pなどの要素に対して背景色を指定することも可能です。以下に、具体的な例を示しておくので参考にしてください。

ページ全体に
背景色が指定される ◀

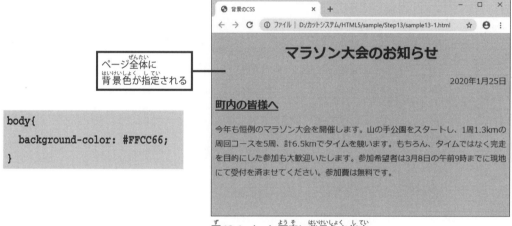

```
body{
  background-color: #FFCC66;
}
```

図13-1　body要素に背景色を指定

h1要素に
背景色が指定される ◀

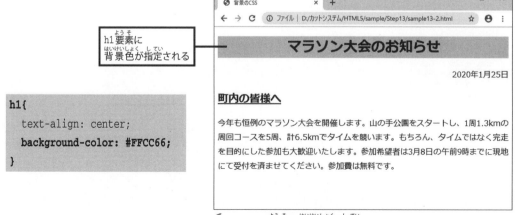

```
h1{
  text-align: center;
  background-color: #FFCC66;
}
```

図13-2　h1要素に背景色を指定

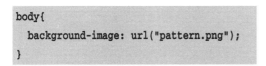

13.2　背景画像の指定　background-image

背景に**画像**を配置するときは、**background-image** プロパティを使用します。その値には、**URL("画像ファイル名")** という形式で画像ファイルを指定します。たとえば、「pattern.png」の画像ファイルをページ全体の背景に指定するときは、以下のようにCSSを記述します。

```
body{
  background-image: url("pattern.png");
}
```

図13-3　body要素に背景画像を指定

背景に指定した画像は、縦横に繰り返して表示されます。参考までに、先ほど背景に指定した「pattern.png」の画像を図13-4に示しておきます。

図13-4　pattern.png

背景画像を指定するときは、「HTMLファイル」と「画像ファイル」を同じフォルダーに保存しておく必要があります。別のフォルダーに保存するときは、**パス**を含めた形で画像ファイル名を記述しなければなりません（パスについてはP36～37を参照）。

CSSには、**背景画像の繰り返しを制限する**background-repeat プロパティも用意されています。このプロパティに指定できる値は以下のとおりです。

■background-repeat プロパティに指定できる値

値	指定内容
repeat	縦横に画像を繰り返して表示（初期値）
repeat-x	横方向にのみ画像を繰り返して表示
repeat-y	縦方向にのみ画像を繰り返して表示
no-repeat	画像を繰り返さずに表示

また、背景画像を表示する**位置**をbackground-position プロパティで指定することも可能です。このプロパティに指定できる値は以下のとおりです。横方向と縦方向の位置を両方とも指定するときは、値を半角スペースで区切って列記します。

■background-positionに指定できる値

値	横方向の位置	値	縦方向の位置
left	左端	top	上端
center	中央	center	中央
right	右端	bottom	下端

たとえば、以下のようにCSSを記述すると、ウィンドウの「右端」に「縦方向」にのみ繰り返す背景画像を表示できます。

```
body{
    background-image: url("pattern.png");
    background-repeat: repeat-y;
    background-position: right;
}
```

図13-5　背景画像の配置の指定

13.4　背景画像のサイズ調整

　背景に写真などを配置するときに、**画像のサイズ**を調整したいときは**background-size**プロパティを使用します。このプロパティに指定できる値は以下のとおりです。

■**background-size**に指定できる値

値	指定内容
contain	要素に合わせて画像のサイズを拡大／縮小（画像全体を表示）
cover	要素に合わせて画像のサイズを拡大／縮小
auto	画像の縦横比を保つように自動調整

```
body{
  background-image: url("back_pic.jpg");
  background-position: center;
  background-size: contain;
}
```

■**contain**を指定した場合

■**cover**を指定した場合

図13-6　画像のサイズ調整

👆 ワンポイント

背景画像の固定

　背景画像はページの表示に合わせて上下（または左右）にスクロールする仕組みになっています。これを固定することも可能です。ウィンドウに対して常に同じ位置に背景画像を表示させるときは、**background-attachment**プロパティを使用し、その値に**fixed**を指定します。

演習

（1）ステップ12の演習（3）で作成したHTMLを開き、各要素のCSSを以下のように追加／変更してみましょう。

> body要素 ……………… 背景色：#003366
> h1要素 ……………… 文字色：白色（#FFFFFF）
> h2要素 ……………… 背景色：#336666
> 　　　　　　　　　　文字色：白色（#FFFFFF）
> p要素 ……………… 文字色：白色（#FFFFFF）
> 　　　　　　　　　　文字の太さ：太字

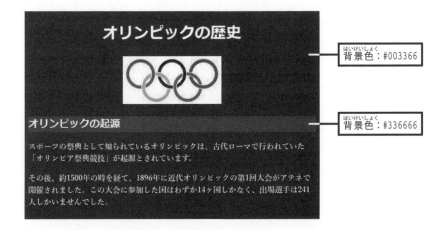

背景色：#003366

背景色：#336666

（2）ページ全体の背景画像に「back.png」を指定し、h1要素とp要素の文字色を「黒色」(#000000)に変更してみましょう。

※この演習で使用する画像は、以下のURLからダウンロードできます。
https://cutt.jp/books/978-4-87783-808-9/

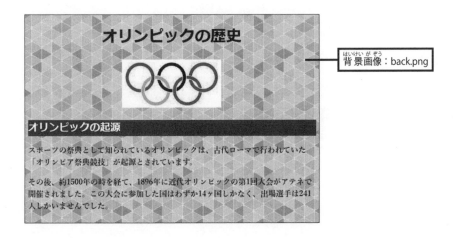

背景画像：back.png

サイズと枠線のCSS

続いては、各要素のサイズを指定する方法と、要素の周囲に枠線を描画する方法について解説します。いずれもよく使用するプロパティなので、必ず使い方を覚えておいてください。

14.1 サイズの指定 width、height

通常、`<p>`～`</p>`などの要素は、ウィンドウに合わせて幅が変化するように初期設定されています。このため、サイズを指定しなかった場合は、図14-1のように段落が表示されます。この例では、要素のサイズがわかりやすいように、p要素（クラス名 "primary"）に背景色を指定しています。

▼ sample14-1.html

```
     :
9    .primary{
10     background-color: #006666;
11     color: #FFFFFF;
12     text-align: justify;
13   }
     :
20   <p class="primary">TOEICは、アメリカのテスト開発機関ETSによって開発・制作された、英語の
     コミュニケーション能力を測定する国際的なテストです。約160カ国で実施されており、日本では
     年間260万人以上が受験するテストとして広く認識されています。</p>
     :
```

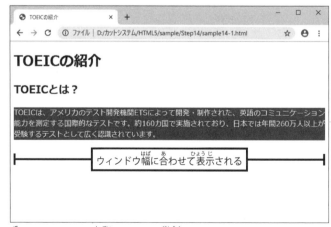

図14-1　サイズを指定していない段落

各要素のサイズを指定するときは、幅をwidthプロパティ、高さをheightプロパティで指定します。それぞれの値には**単位付きの数値**を記述します。

　たとえば、先ほどの例に「width:400px;」と「height:200px;」のCSSを追加して、400×200ピクセルのサイズを指定すると、段落の表示は図14-2のようになります。

▼ sample14-2.html

```
       ⋮
  9    .primary{
 10      width: 400px;
 11      height: 200px;
 12      background-color: #006666;
 13      color: #FFFFFF;
 14      text-align: justify;
 15    }
       ⋮
```

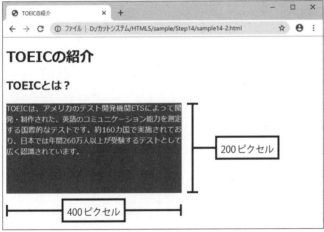

図14-2　「幅」と「高さ」を指定した段落

　このように「幅」と「高さ」を指定すると、各要素を好きなサイズで表示できます。ただし、指定したサイズ内に文章が収まらなかった場合は、文字がはみ出して表示されることに注意しなければなりません。

　画像の表示サイズを指定するときも、widthやheightを使用します。widthとheightの両方を指定した場合は、指定したサイズで画像が表示されます。widthだけを指定した場合は、幅は指定したサイズになり、高さは「元の縦横比」を維持するように自動調整されます。同様に、heightだけを指定した場合は、「元の縦横比」を維持するように幅が自動調整されます。

```
<img src="yohane-2.jpg" alt="二階の会堂" style="width:350px;">
```

図 14-3　「幅」だけを指定した画像

14.2　枠線の指定　border

　続いては、要素の周囲に**枠線**を描画するプロパティについて解説します。枠線を描画するときは**border**プロパティを使用し、その値に**線種**、**太さ**、**色**を半角スペースで区切って記述します。それぞれの値は以下の形式で記述します。

線種 ･･････････････ 「特定のキーワード」で線の種類を指定（詳しくは後述）
太さ ･･････････････ 「単位付きの数値」で線の太さを指定
色 ･････････････････ 「色の名前」や「RGBの16進数」などで線の色を指定

　たとえば、クラス名が "primary" のp要素に「実線、5ピクセル、赤色」の枠線を描画するときは以下のようにCSSを記述します。

```
.primary{
  width: 400px;
  border: solid 5px #FF0000;
  text-align: justify;
}
```

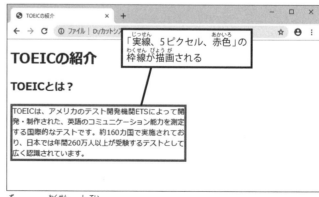

図 14-4　枠線の指定

二重線や点線などで枠線を描画することも可能です。borderプロパティの線種には、以下の値を指定できます。

■border プロパティの「線種」に指定できる値

値	線の種類
none	線なし(初期値)
hidden	非表示
solid	実線
double	二重線
dashed	破線
dotted	点線
groove	立体的な線(図14-5参照)
ridge	立体的な線(図14-5参照)
inset	立体的な線(図14-5参照)
outset	立体的な線(図14-5参照)

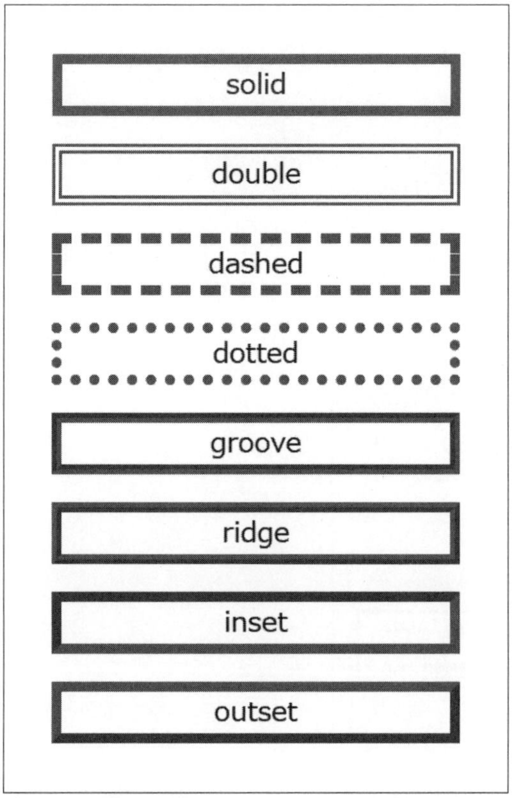

図14-5 種類の一覧

14.3 上下左右の枠線を個別に指定

CSSには、上下左右の枠線を個別に指定するプロパティも用意されています。値の指定方法はborderプロパティと同じで、**線種**、**太さ**、**色**を半角スペースで区切って記述します。これらのプロパティを使うと、要素の上下左右に「書式の異なる枠線」を描画できます。

border-top ·············· 上の枠線の書式を指定
border-right ·············· 右の枠線の書式を指定
border-bottom ·············· 下の枠線の書式を指定
border-left ·············· 左の枠線の書式を指定

たとえば、要素の上に「破線、7ピクセル、赤色」の枠線、要素の左に「点線、7ピクセル、赤色」の枠線を描画するときは、以下のようにCSSを記述します。

▼sample14-6.html

```
 9    .primary{
10      width: 400px;
11      border-top: dashed 7px #FF0000;
12      border-left: dotted 7px #FF0000;
13      text-align: justify;
14    }
       :
21  <p class="primary">TOEICは、アメリカのテスト開発機関ETSによって開発・制作された、英語の
    コミュニケーション能力を測定する国際的なテストです。約160カ国で実施されており、日本では
    年間260万人以上が受験するテストとして広く認識されています。</p>
       :
```

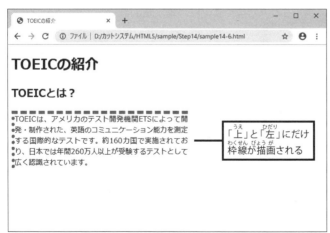

図14-6 「上」と「左」に枠線を描画した場合

演 習

•••

（1）ステップ13の演習（2）で作成したHTMLを以下の図のように変更してみましょう。

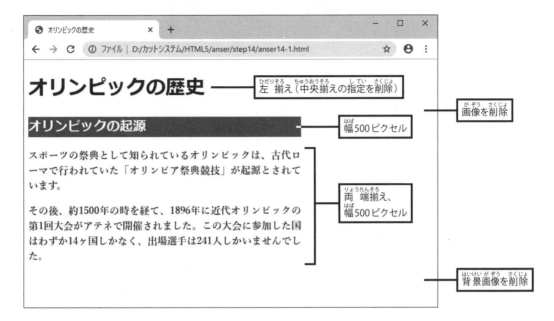

（2）さらに、h2要素に以下の図のような枠線を描画してみましょう。

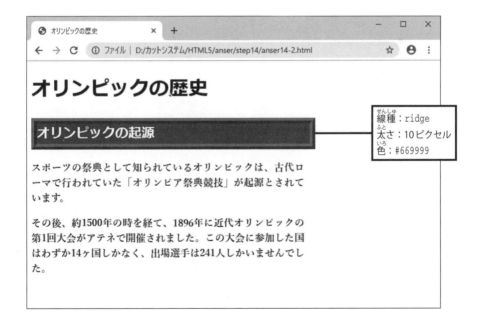

15

余白のCSS
よはく

続いては、要素の周囲に余白を設ける方法を解説します。また、幅／高さ／枠線／余白といったボックス関連の書式を指定するときに重要となる考え方も紹介しておきます。

■ 15.1 内部余白の指定　padding
ないぶ よはく してい

背景色や枠線のCSSを学習していたときに、「文字の周囲に余白がない……」と感じていた方も多いと思います。このような表示になるのは、**内部余白**が0に初期設定されていることが原因です。

枠線の内側に適当な余白を設けるときは**padding**プロパティを使用し、その値に単位付きの**数値**を指定します。たとえば、以下のようにCSSを記述すると、枠線の内側に20ピクセルの余白を設けられます。

```
.primary{
  width: 400px;
  border: solid 5px #FF0000;
  padding: 20px;
  text-align: justify;
}
```

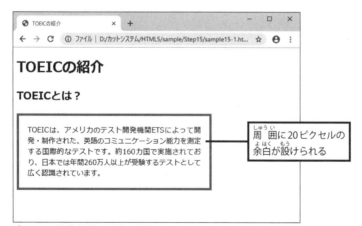

図15-1　内部余白と枠線の関係
ず ないぶ よはく わくせん かんけい

この指定は、枠線を描画していない場合も有効です。この場合は、背景色（背景画像）が内部余白の範囲まで表示されるため、文字の周囲に適当なサイズの余白を設けることができます。レイアウトを見やすくする際に必須となるプロパティですので、必ず覚えておいてください。

```
.primary{
  width: 400px;
  background-color: #006666;
  padding: 20px;
  color: #FFFFFF;
  text-align: justify;
}
```

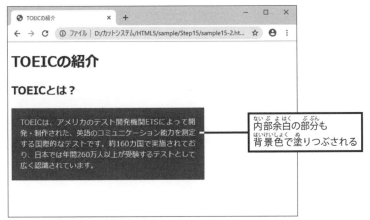

図15-2　内部余白と背景色の関係

15.2　上下左右の内部余白を個別に指定

border プロパティの場合と同様に、上下左右の内部余白を個別に指定することも可能です。この場合は、以下のプロパティを使用します。

padding-top ―――――――― 上の内部余白を指定
padding-right ―――――― 右の内部余白を指定
padding-bottom ―――― 下の内部余白を指定
padding-left ――――――― 左の内部余白を指定

以下は、h2 要素の左と下に枠線を描画し、さらに上と左の内部余白を調整した例です。このように枠線と内部余白の書式を指定することで、見やすいデザインに仕上げることもできます。

```
h2{
  border-left: solid 10px #006666;
  border-bottom: solid 3px #006666;
  padding-top: 2px;
  padding-left: 8px;
}
```

図15-3　枠線と内部余白を指定した見出し

右側の注釈：左と下に枠線を描画し、内部余白で配置を調整

　ワンポイント

複数の値をpaddingに指定した場合

　通常、paddingには値を1つだけ記述しますが、半角スペースで区切って最大4つまで値を指定することも可能です。記述した値の数に応じて、上下左右の内部余白は以下のように指定されます。

・値が1つの場合 …………「上下左右」の内部余白を指定
・値が2つの場合 …………「上下」「左右」の内部余白を順番に指定
・値が3つの場合 …………「上」「左右」「下」の内部余白を順番に指定
・値が4つの場合 …………「上」「右」「下」「左」の内部余白を順番に指定

　たとえば「padding:10px　0px　25px　7px」と記述すると、上に10ピクセル、右に0ピクセル、下に25ピクセル、左に7ピクセルの内部余白を指定できます。値が4つの場合は、「上から時計回りに余白を指定する」と覚えておくとよいでしょう。

15.3　外部余白の指定　margin

　続いては、「枠線の外側の余白」を指定するmarginプロパティについて解説します。こちらは外部余白と呼ばれるもので、要素と要素の間隔を調整するときに使用します。paddingの場合と同様に、上下左右の外部余白を個別に指定することも可能です。この場合は以下に示したプロパティを使用します。

margin-top ……………… 上の外部余白を指定
margin-right ……………… 右の外部余白を指定
margin-bottom ……………… 下の外部余白を指定
margin-left ……………… 左の外部余白を指定

具体的な例を示していきましょう。まずは、外部余白を指定しなかった場合の例を図15-4に示します。

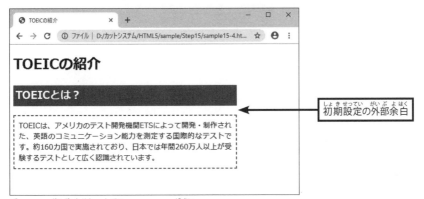

図15-4　外部余白を指定していない場合

　h2要素やp要素には外部余白が初期設定されているため、それぞれの要素は適当な間隔を空けて配置されます（外部余白の初期値はWebブラウザごとに異なります）。この間隔を調整するには、外部余白を自分で指定する必要があります。以下は、h2要素に「下10ピクセル」、p要素に「上0ピクセル」の外部余白を指定した場合の例です。

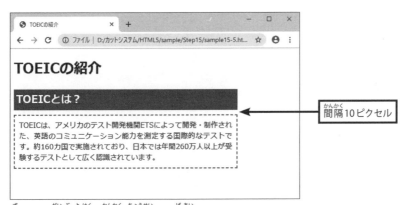

図15-5　外部余白で間隔を調整した場合

▼sample15-5.html

```
    ⋮
9   h2{
10    width :500px;
11    background-color: #006666;
12    padding: 5px;
13    margin-bottom: 10px;          下の外部余白を指定
14    color: #FFFFFF;
15   }
```

```
16    .primary{
17      width: 486px;
18      border: dashed 2px #006666;
19      padding: 10px;
20      margin-top: 0px;          ┌─────────────────┐
                                   │ 上の外部余白を指定 │
                                   └─────────────────┘
21      text-align: justify;
22    }
       :
```

 ワンポイント

外部余白の相殺

　要素が垂直方向に並ぶときは、それぞれの要素の外部余白のうち「大きい方の値」だけが採用される決まりになっています。たとえば、「上にある要素」の外部余白が30ピクセルで、「下にある要素」の外部余白が10ピクセルであった場合、2つの要素は30ピクセルの間隔で配置されます。両者の外部余白を足した40ピクセルにはならないことに注意してください。

 ワンポイント

複数の値をmarginに指定した場合

　paddingの場合と同様に、半角スペースで区切って最大4つの値をmarginに指定することも可能です。記述した値の数に応じて、上下左右の外部余白は以下のように指定されます。たとえば、「margin:10px 0px」と記述すると、上下に10ピクセル、左右に0ピクセルの外部余白を指定できます。

　　　・値が1つの場合 …………… 「上下左右」の外部余白を指定
　　　・値が2つの場合 …………… 「上下」「左右」の外部余白を順番に指定
　　　・値が3つの場合 …………… 「上」「左右」「下」の外部余白を順番に指定
　　　・値が4つの場合 …………… 「上」「右」「下」「左」の外部余白を順番に指定

 ワンポイント

要素のセンタリング

　要素をセンタリングする際にもmarginのプロパティが活用できます。marginの値に**auto**を指定すると、左右の外部余白が自動調整され、要素が左右中央に配置されます。たとえば、「margin:20px auto;」のようにCSSを記述すると、「上下は20ピクセル、左右はセンタリング」の外部余白を指定できます。

15.4　ボックスのCSSのまとめ

最後に、**幅、高さ、枠線、内部余白、外部余白**の関係を図15-6に示しておきます。頭を整理するときの参考にしてください。

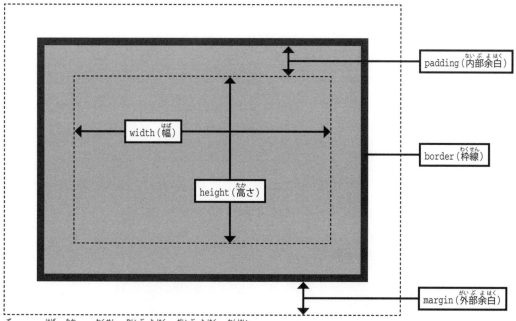

図15-6　幅、高さ、枠線、内部余白、外部余白の関係

要素のサイズを指定するときは、**内部余白や枠線がwidthとheightに含まれない**ことに注意しなければなりません。枠線を含めた実際の表示サイズは、widthやheightで指定したサイズよりも大きくなります。たとえば、widthに400ピクセルを指定し、さらに内部余白20ピクセル、太さ10ピクセルの枠線を指定すると…、

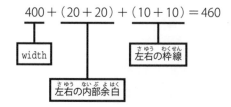

という計算になり、実際には460ピクセルの幅で要素が表示されます。高さも同様で、heightの値に「上下の内部余白」と「上下の枠線の太さ」を加えたサイズが実際の表示サイズになります。サイズを細かく指定してレイアウトを作成するときは、内部余白や枠線の太さも計算に入れる必要があることを忘れないようにしてください。

（1）ステップ14の演習（2）で作成したHTMLについて、各要素のCSSを以下のように指定しなおし
てみましょう。

body 要素 ………… 背景色：#336633　　　　文字色：#FFFFFF

h1 要素 ……………　文字サイズ：36ピクセル　　下の外部余白：40ピクセル

h2 要素 ……………　幅：550ピクセル

　　　　　　　　　　枠線：破線、2ピクセル、#FFFF66

　　　　　　　　　　内部余白：上8ピクセル、左右10ピクセル、下4ピクセル

　　　　　　　　　　文字サイズ：24ピクセル　　文字色：#FFFF66

p 要素 ………………　幅：550ピクセル

　　　　　　　　　　行揃え：両端揃え

　　　　　　　　　　文字書式：太字、18ピクセル / 行間1.8、ゴシック系のフォント

オリンピックの歴史

オリンピックの起源

スポーツの祭典として知られているオリンピックは、古代ローマで
行われていた「オリンピア祭典競技」が起源とされています。

その後、約1500年の時を経て、1896年に近代オリンピックの第1
回大会がアテネで開催されました。この大会に参加した国はわずか
14ヶ国しかなく、出場選手は241人しかいませんでした。

（2）h2 要素と p 要素の表示幅が550ピクセルに揃うように、h2 要素のwidth プロパティの値を調整
してみましょう。

オリンピックの歴史

オリンピックの起源

スポーツの祭典として知られているオリンピックは、古代ローマで
行われていた「オリンピア祭典競技」が起源とされています。

その後、約1500年の時を経て、1896年に近代オリンピックの第1
回大会がアテネで開催されました。この大会に参加した国はわずか
14ヶ国しかなく、出場選手は241人しかいませんでした。

550ピクセル

Step 16 角丸、影、半透明のCSS

CSSには、要素の四隅を丸くしたり、要素に影を付けたり、要素を半透明で表示したりする書式も用意されています。続いては、これらの書式を指定する方法について解説します。

16.1 角丸の指定 border-radius

要素の四隅を**角丸**にするときは**border-radius**プロパティを使用し、その値に**単位付きの数値**を指定します。たとえば、画像の四隅を半径25ピクセルの角丸で表示するときは、以下のようにCSSを記述します。

```
<img src="hokkaido.jpg" alt="セブンスターの木" style="border-radius:25px;">
```

四隅が丸く表示される

図16-1 角丸の指定

　p要素などに対してborder-radiusを指定することも可能です。この場合は、背景や枠線が角丸で表示されます。なお、文字を含む要素に角丸の書式を指定するときは、適当なサイズの内部余白（padding）を指定しておくのが基本です。この指定を忘れると、四隅にある文字が領域外にはみ出してしまうことに注意してください。

```
.primary{
  width: 454px;
  border: solid 3px #006666;
  border-radius: 20px;
  padding: 20px;
  margin-top: 0px;
  text-align: justify;
}
```

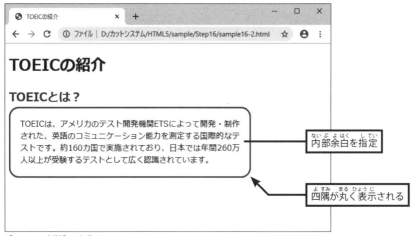

図16-2 角丸の指定

16.2 影の指定 box-shadow

続いては、要素に影を付ける方法を解説します。この場合はbox-shadowプロパティを使用し、その値に4つの単位付き数値と影の色を指定します。4つの単位付き数値には、それぞれ以下の内容を指定します。

・1番目の数値 ………… 影を右方向へずらす距離
　　　　　　　　　　　　（左方向へずらす場合は負の数値を指定）
・2番目の数値 ………… 影を下方向へずらす距離
　　　　　　　　　　　　（上方向へずらす場合は負の数値を指定）
・3番目の数値 ………… 影をぼかすサイズ（省略可）
・4番目の数値 ………… 影を拡大するサイズ（省略可）

たとえば、灰色（#666666）の影を右方向へ15ピクセル、下方向へ15ピクセルずらし、20ピクセルぼかして表示するときは、以下のようにCSSを記述します。この例では影の拡大を行わないため、4番目の数値は省略しています。また、影を表示するための余白として、右と下に20ピクセルの外部余白を確保しています。

```
#mainpic{
   margin-right: 20px;
   margin-bottom: 20px;
   box-shadow: 15px 15px 20px #666666;
}
  :
<img id="mainpic" src="hokkaido.jpg" alt="セブンスターの木">
```

　もちろん、img以外の要素に対して影を指定することも可能です。以下は、h2要素とp要素（クラス名 "primary"）に対して、灰色（#999999）の影を右方向へ7ピクセル、下方向へ7ピクセルずらし、5ピクセルぼかして表示した場合の例です。

```
h2{
  width :480px;
  background-color: #006666;
  padding: 5px 10px 2px;
  box-shadow: 7px 7px 5px #999999;
  color: #FFFFFF;
}
```

```
.primary{
  width: 464px;
  border: solid 3px #006666;
  padding: 15px;
  box-shadow: 7px 7px 5px #999999;
  text-align: justify;
}
```

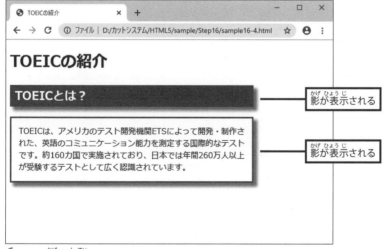

図16-4　影の指定

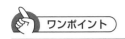
ワンポイント

影を内側に表示

box-shadow プロパティに **inset** という値を追加すると、要素の内側に影を表示できます。insetは、値の最後に半角スペースで区切って記述します。

（記述例） box-shadow: 7px 7px 5px #999999 **inset**;

> TOEICは、アメリカのテスト開発機関ETSによって開発・制作された、英語のコミュニケーション能力を測定する国際的なテストです。約160カ国で実施されており、日本では年間260万人以上が受験するテストとして広く認識されています。

内側に影が表示される

16.3　半透明の指定　opacity

CSSには、要素を**半透明**で表示するプロパティも用意されています。この書式を指定するときは**opacity**プロパティを使用し、その値に**0～1の数値**を指定します。

0を指定すると「完全な透明」になり、その要素は何も表示されなくなります。1を指定すると「透明度なし」の状態になり、通常と同じ表示になります。要素を半透明で表示するときは、0.5などの数値を指定します。数値を小さくするほど透明度は高くなります。

```
<img src="hokkaido.jpg" alt="セブンスターの木" style="opacity:0.4;">
```

半透明で表示される

図16-5　半透明の指定

なお、p要素などにopacityで半透明を指定した場合は、その背景や枠線が半透明で表示されます。さらに、要素内の文字も半透明で表示されることに注意してください。このため、p要素などにopacityを指定すると、文字が読みにくくなってしまいます。

背景色だけを半透明にしたいときは、**background-color**プロパティに「半透明の色」を指定します。CSSで「半透明の色」を指定するときは、**rgba()**で色を指定します（P64参照）。

以下は、Webページ全体に背景画像を指定し、さらにp要素に「半透明の背景色」を指定した例です。p要素の背景色が半透明になるため、ページ全体の模様が透けて見えるのを確認できると思います。

```
body{
  background-image: url("pattern.png");
}
    ⋮
.primary{
  width: 470px;
  background-color: rgba(0,102,102,0.25);
  padding: 15px;
  text-align: justify;
  font: bold 16px/2.0 sans-serif;
}
```

図16-6　「半透明の背景色」の指定

（1）ステップ15の演習（2）で作成したHTMLについて、h2要素のCSSを以下のように変更してみましょう。

h2要素 .... 幅：530ピクセル　　　　背景色：#999900
内部余白：（上）7ピクセル、（左右）10ピクセル、（下）4ピクセル
角丸：10ピクセル
文字サイズ：20ピクセル　　文字色：#FFFFFF

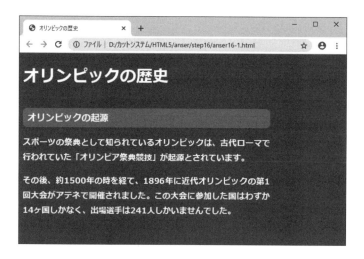

（2）さらに、以下の影をh2要素に追加してみましょう。

影をずらす距離：（右方向）7ピクセル、（下方向）7ピクセル
影のぼかし：10ピクセル
影の色：#003300

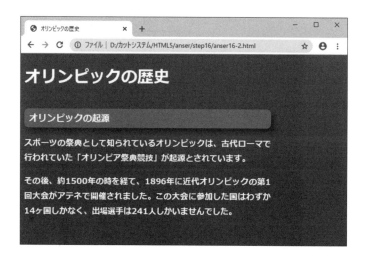

Step 17

div要素とspan要素

ステップ17では、複数の要素を1つにまとめるdiv要素と、一部の文字だけに書式を指定できるspan要素について解説します。いずれもCSSの指定に必須となる要素なので、必ず使い方を覚えておいてください。

17.1 div要素の使い方

　これまでは個々の要素に対してCSSを指定しました。しかし、複数の要素を含む「範囲」に対してCSSを指定したい場合もあると思います。このような場合に使用するのが**div要素**です。div要素は**<div>～</div>で囲んだ範囲をグループ化する**機能となります。このdiv要素に対してCSSを指定することにより、さまざまな書式指定を実現できます。

　具体的な例で見ていきましょう。たとえば、図17-1において、h2要素とp要素をまとめて囲む枠線を指定するにはどうすればよいでしょうか？

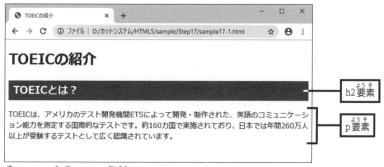

図17-1 「見出し」と「段落」

　h2要素とp要素に枠線（border）を指定しても、それぞれに枠線が描画されるだけで、全体を1つの枠線で囲むことはできません。

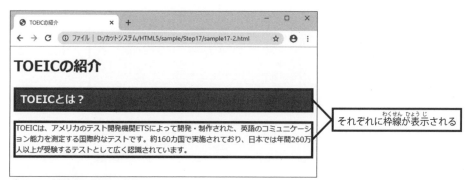

図17-2 各要素に枠線を指定

このような場合は、h2要素とp要素を<div>～</div>で囲んでグループ化し、このdiv要素に対してborderプロパティを指定します。すると、全体を囲む枠線を描画できます。もちろん、枠線（border）以外の書式をdiv要素に指定することも可能です。

　以下は、先ほどの例にdiv要素を追加し、このdiv要素（クラス名"box"）に枠線のCSSを指定した例です。

▼ sample17-3.html

```
1   <!DOCTYPE html>
2
3   <html lang="ja">
4
5   <head>
6   <meta charset="UTF-8">
7   <title>TOEICの紹介</title>
8   <style>
9     h2{
10      background-color: #006666;
11      padding: 5px 10px 3px;
12      color: #FFFFFF;
13    }
14    .primary{
15      text-align: justify;
16    }
17    .box{
18      border: double 5px #006666;
19    }
20  </style>
21  </head>
22
23  <body>
24  <h1>TOEICの紹介</h1>
25  <div class="box">
26    <h2>TOEICとは？</h2>
27    <p class="primary">TOEICは、アメリカのテスト開発機関ETSによって開発・制作された、英語のコミュニケーション能力を測定する国際的なテストです。約160カ国で実施されており、日本では年間260万人以上が受験するテストとして広く認識されています。</p>
28  </div>
29  </body>
30
31  </html>
```

クラス名"box"のCSS

クラス名"box"のdiv要素で囲む

図17-3　div要素に枠線を指定

　さらに、このdiv要素に幅（width）と内部余白（padding）を指定すると、以下のようなデザインに仕上げることができます。

▼sample17-4.html

```
         ⋮
17    .box{
18       width: 460px;              ← 幅：460ピクセル
19       border: double 5px #006666;
20       padding: 5px 20px;         ← 内部余白：（上下）5ピクセル
21    }                                        （左右）20ピクセル
         ⋮
```

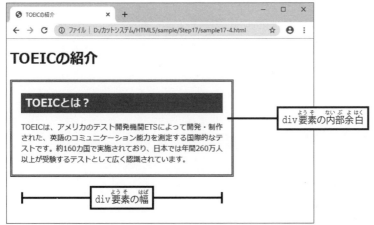

図17-4　div要素に「幅」と「内部余白」を指定

この場合、h2要素とp要素にwidthプロパティを指定する必要はありません。h2要素とp要素は<div> ～ </div>の中に含まれるため、div要素にwidthプロパティを指定するだけで幅を揃えることができます。

　このように、複数の要素を含む「範囲」に対して書式を指定するときは、その範囲を<div> ～ </div>で囲み、div要素に対してCSSを指定します。このとき、div要素にクラスを指定し、クラスに対してCSSを指定するようにすると、同じページ内で何種類ものデザインを作成することが可能となります。

17.2　span要素の使い方

　続いては、特定の文字範囲を指定する**span要素**について解説します。具体的な例で見ていきましょう。たとえば、p要素の文中にある「特定の文字範囲」だけを赤色で表示するにはどうしたらよいでしょうか？　p要素に対してcolorプロパティを指定すると、段落全体の文字色が変更されてしまいます。

　このような場合は、その文字範囲を**<span> ～ </span>**で囲み、span要素に対してCSSを指定します。以下は、「英語のコミュニケーション能力」の文字だけを「赤色、太字」にした場合の例です。クラス名"red-bold"のspan要素で「書式を変更する文字」を囲み、このspan要素に対してcolorとfont-weightのプロパティを指定することで、一部の文字だけ書式を変更しています。

▼sample17-5.html

```
 8  <style>
       ⋮
22    .red-bold{
23      color: #FF0000;
24      font-weight: bold;
25    }
26  </style>
       ⋮
33    <p class="primary">TOEICは、アメリカのテスト開発機関ETSによって開発・制作され
    た、<span class="red-bold">英語のコミュニケーション能力</span>を測定する国際的な
    テストです。約160カ国で実施されており、日本では年間260万人以上が受験するテストと
    して広く認識されています。</p>
       ⋮
```

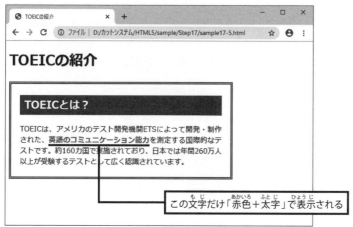

この文字だけ「赤色＋太字」で表示される

図17-5　特定の文字だけに書式を指定

 ワンポイント

ブロックレベル要素とインライン要素

　divとspanはどちらも範囲を指定する要素ですが、divは「ブロックレベル要素」、spanは「インライン要素」として扱われることに注意してください。

　ブロックレベル要素とは、一般的に四角形の領域で表示される要素のことです。具体的には、h1〜h6やpなどがブロックレベル要素になります。「終了タグの後で自動的に改行される要素」がブロックレベル要素になる、と考えると理解しやすいでしょう。

　一方、**インライン要素**は文字範囲を示す要素となります。たとえば、bやmarkなどの文字装飾系の要素はインライン要素となります。画像を表示するimgもインライン要素です。画像は四角形の領域で表示されますが、HTMLでは「巨大な文字」として処理されるため、ブロックレベル要素にはなりません。これは「imgタグの後で自動改行されない」ことからも理解できると思います。

（1）ステップ16の演習（2）で作成したHTMLを、以下の図のように変更してみましょう。

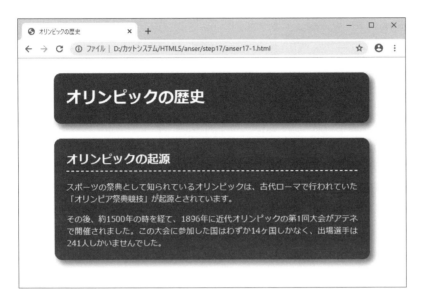

① h1要素をクラス名 "card" のdiv要素で囲みます。
②「h2要素～p要素」の範囲も、クラス名 "card" のdiv要素で囲みます。
③ CSSを以下のように指定します。

> **body要素** ………… 指定なし
> **h1要素** ………… 指定なし
> **h2要素** ………… 下の枠線：破線、2ピクセル、#FFFFFF
> 　　　　　　　　下の内部余白：3ピクセル
> **p要素** ………… 行揃え：両端揃え
> **.card** ………… 幅：600ピクセル
> 　　　　　　　背景色：#003366
> 　　　　　　　内部余白：（上下）5ピクセル、（左右）25ピクセル
> 　　　　　　　外部余白：（上下）30ピクセル、（左右）auto
> 　　　　　　　角丸：15ピクセル
> 　　　　　　　影：右へ7ピクセル、下へ7ピクセルずらす
> 　　　　　　　　　　10ピクセルぼかす、色は#999999
> 　　　　　　　文字色：#FFFFFF

（2）span要素を使って「1896年」と「14ヶ国」の文字色を#FF3333に変更してみましょう。

※ span要素に "red" というクラス名を付け、このクラスに対してCSSを指定します。

18

回り込みのCSS

このステップでは、画像の左右に文章を回り込ませて配置する書式について
解説します。また、この書式指定を使ってレイアウトを構成する方法も紹介
します。

18.1 回り込みの指定 float

画像の右側（または左側）に文章を回り込ませて配置したい場合もあると思います。このよう
な場合は、**回り込み**の書式を指定します。まずは、img要素の後に続けて文章を記述した例を紹
介します。

▼ sample18-1.html

```
       :
16   <body>
17   <h1>上高地（中部山岳国立公園）</h1>          <br>で改行しない
18   <p><img src="photo.jpg" alt="上高地の風景">
19   長野県松本市にある上高地は、雄大な山々と神秘的な風景を楽しめる、日本を代表する景勝地の
     ひとつです。このページでは上高地の名所を紹介していきます。</p>
20   </body>
       :
```

図18-1 画像と文章の配置

このように画像と文章を続けて記述しても、文章を回り込ませて配置することはできません。
画像の右側に文章を回り込ませるには、img要素に**float**プロパティを追加し、その値に**left**

を指定しなければなりません。すると、画像が「左寄せ」で配置され、図18-2のようなレイアウトを実現できます。画像と文章の間隔は外部余白（margin）で指定します。

▼ sample18-2.html

```
      ⋮
 8  <style>
      ⋮
13    #mainpic{
14      float: left;
15      margin-right: 15px;
16    }
17  </style>
      ⋮
22  <p><img id="mainpic" src="photo.jpg" alt="上高地の風景">
    長野県松本市にある上高地は、雄大な山々と神秘的な風景を楽しめる、日本を代表する景勝地の
    ひとつです。このページでは上高地の名所を紹介していきます。</p>
      ⋮
```

図18-2　画像の右側に文章を配置

この例とは逆に、画像を「右寄せ」で配置することも可能です。この場合はfloatプロパティに**right**を指定します。すると、図18-3のようなレイアウトで画像と文章を配置できます。

▼ sample18-3.html

```
      ⋮
13    #mainpic{
14      float: right;
15      margin-left: 15px;
16    }
      ⋮
```

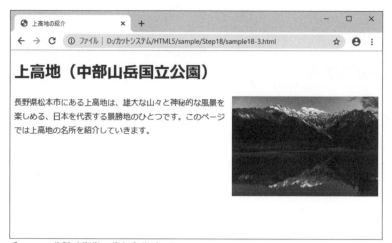

図18-3　画像の左側に文章を配置

　このように、floatプロパティは「要素を左右に寄せて配置する書式」となります。使用頻度は意外と高いので必ず覚えておいてください。

18.2　回り込みの解除　clear

　画像にfloatプロパティを指定すると、画像の高さを超えるまで、以降の要素が右側（または左側）に回り込んで配置されます。たとえば、以下のようにHTMLを追記すると、「大正池」（h2要素）以降も画像の右側に回り込んで配置されます。

▼sample18-4.html

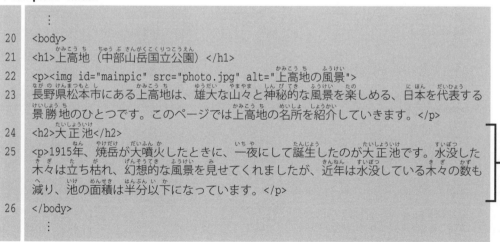

ず　　まわ　こ　　けいぞく
図18-4　回り込みの継続

　　まわ　こ　　かいじょ　　おこな
　回り込みの解除を行うには**clear**プロパティを指定する必要があります。このプロパティに
い　か　あたい　してい
は以下の値を指定できます。

■clearに指定できる値

あたい 値	してい ないよう 指定内容
left	float:leftの回り込みを解除
right	float:rightの回り込みを解除
both	左右の回り込みを両方とも解除
none	回り込みを解除しない（初期値）

　　まわ　こ　　かくじつ　かいじょ　　　　ばあい
　回り込みを確実に解除したい場合は、clearプロパティに**both**を指定します。すると、回り
こ　　　ほうこう　さゆう　　かんけい　　　　まわ　こ　　かいじょ　　　いか
込みの方向（左右）に関係なく、回り込みを解除できます。以下は、回り込みを解除したい位置
　　　　そうにゅう　　　　　　　　してい　　れい
に
を挿入し、この
に「clear:both;」のCSSを指定した例です。

▼sample18-5.html

```
22  <p><img id="mainpic" src="photo.jpg" alt="上高地の風景">
23  長野県松本市にある上高地は、雄大な山々と神秘的な風景を楽しめる、日本を代表する景勝地の
    ひとつです。このページでは上高地の名所を紹介していきます。</p>
24  <br style="clear:both;">          回り込みを解除する<br>
25  <h2>大正池</h2>
26  <p>1915年、焼岳が大噴火したときに、一夜にして誕生したのが大正池です。水没した木々は立
    ち枯れ、幻想的な風景が見せてくれましたが、近年は水没している木々の数も減り、池の面積は
    半分以下になっています。</p>
```

長野県松本市にある上高地は、雄大な山々と神秘的な風景を
楽しめる、日本を代表する景勝地のひとつです。このページ
では上高地の名所を紹介していきます。

大正池

1915年、焼岳が大噴火したときに、一夜にして誕生したのが大正池です。水没した木々は立ち枯れ、幻
想的な風景を見せてくれましたが、近年は水没している木々の数も減り、池の面積は半分以下になって
います。

回り込みが解除される

図18-5　回り込みの解除

18.3　回り込みを使った要素の配置

　通常、p要素やdiv要素などの**ブロックレベル要素**は縦に並べて配置されます。これを横に並
べて配置するときにもfloatプロパティが活用できます。具体的な例で見ていきましょう。以
下の図は、3つのdiv要素を記述した例です。状況がわかりやすいように、それぞれのdiv要素
に「サイズ」と「枠線」を指定してあります。

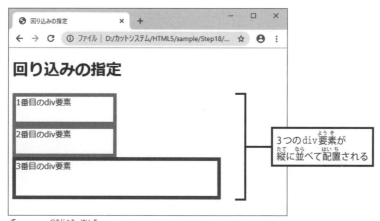

3つのdiv要素が
縦に並べて配置される

図18-6　通常の配置

　回り込みを指定しなかった場合は、図18-6のように各要素が縦に並んで配置されます。こ
こで1番目と2番目のdiv要素に「float:left;」を指定し、さらに3番目のdiv要素に
「clear:both;」を指定すると、3つのdiv要素を図18-7のように配置できます。

```
    ⋮
8   <style>
9     #box1{
10      width: 200px;
11      height: 50px;
12      float: left;───────────────左に寄せて配置
13      border:solid 7px #FF3333;
14    }
15    #box2{
16      width: 200px;
17      height: 50px;
18      float: left;───────────────左に寄せて配置
19      border:solid 7px #669966;
20    }
21    #box3{
22      width: 414px;
23      height: 70px;
24      clear: both;───────────────回り込みを解除
25      border:solid 7px #333399;
26    }
27  </style>
    ⋮
30  <body>
31  <h1>回り込みの指定</h1>
32  <div id="box1">1番目のdiv要素</div>
33  <div id="box2">2番目のdiv要素</div>
34  <div id="box3">3番目のdiv要素</div>
35  </body>
    ⋮
```

図18-7　floatとclearで配置を指定

 ワンポイント

clearfixを使った回り込みの解除

　回り込みを解除するときに、clearfixと呼ばれる手法でCSSを記述する場合もあります。ただし、clearfixは上級者向けの記述方法となるため、CSSの初心者が内容を理解するのは難しいかもしれません。気になる方は「clearfix」などのキーワードでWebを検索してみてください。詳しく説明しているページを見つけられると思います。

演 習

（1）以下の図のようにWebページを作成してみましょう。

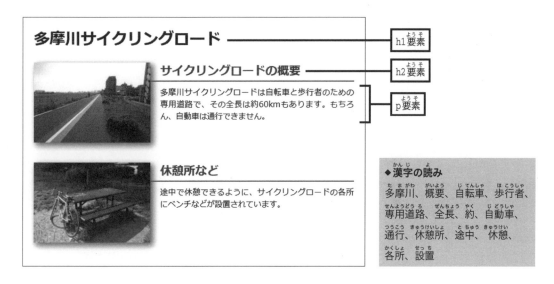

※各要素に以下のCSSを指定します。

body 要素 ……………… 内部余白：（上下）0ピクセル、（左右）15ピクセル

h2 要素 ……………… 下の枠線：実線、2ピクセル、#006633
　　　　　　　　　　　外部余白：0ピクセル　　　　文字色：#006633

p 要素 ……………… 上の外部余白：10ピクセル　　行揃え：両端揃え

img 要素 ……………… 回り込み：左寄せ
　　　　　　　　　　　右の外部余白：20ピクセル　　下の外部余白：40ピクセル
　　　　　　　　　　　影：右へ5ピクセル、下へ5ピクセルずらし、
　　　　　　　　　　　　　10ピクセルぼかす、色は #999999

※この演習で使用する画像は、以下のURLからダウンロードできます。

　https://cutt.jp/books/978-4-87783-808-9/

※回り込みを解除する位置に\<br\>を挿入し、「clear:both;」で回り込みを解除します。

Step 19 フレックスボックスを使った配置

要素を左右に並べて配置するときにフレックスボックスを使用することも可能です。ステップ19では、フレックスボックスの基本的な使い方を学習します。

■ 19.1 フレックスボックスの構成

フレックスボックスと呼ばれる配置方法を使って、ブロックレベル要素を横に並べることも可能です。この場合は`<div>`～`</div>`でフレックスコンテナを作成し、このdiv要素に`display:flex;`のCSSを指定します。すると、div要素内にある子要素（フレックスアイテム）が横に並べて配置されます。

▼ sample19-1.html

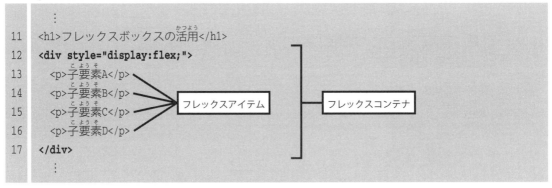

```
11   <h1>フレックスボックスの活用</h1>
12   <div style="display:flex;">
13       <p>子要素A</p>
14       <p>子要素B</p>
15       <p>子要素C</p>
16       <p>子要素D</p>
17   </div>
```

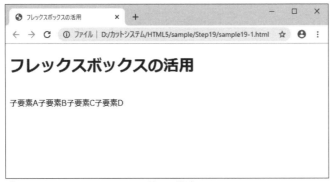

図19-1　フレックスボックスを使った配置

102

以下は、各要素の範囲がわかりやすくなるように、背景色や枠線などのCSSを指定した例です。この例では"f-container"と"f-item"のクラスに対してCSSを指定しています。

▼sample19-2.html

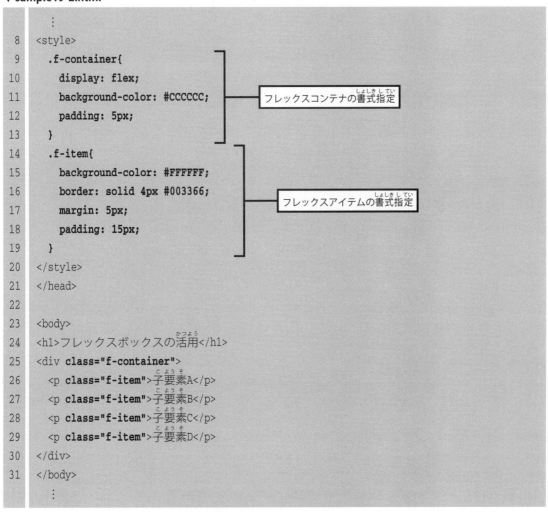

```
  ⋮
8   <style>
9     .f-container{
10      display: flex;
11      background-color: #CCCCCC;        フレックスコンテナの書式指定
12      padding: 5px;
13    }
14    .f-item{
15      background-color: #FFFFFF;
16      border: solid 4px #003366;
17      margin: 5px;                      フレックスアイテムの書式指定
18      padding: 15px;
19    }
20  </style>
21  </head>
22
23  <body>
24  <h1>フレックスボックスの活用</h1>
25  <div class="f-container">
26    <p class="f-item">子要素A</p>
27    <p class="f-item">子要素B</p>
28    <p class="f-item">子要素C</p>
29    <p class="f-item">子要素D</p>
30  </div>
31  </body>
  ⋮
```

図19-2　フレックスボックスを使った配置

19.2 アイテムの配置（水平方向）

　フレックスコンテナ内のアイテムを「右揃え」や「中央揃え」で配置することも可能です。この場合は、フレックスコンテナとなるdiv要素に**justify-content**プロパティを追加し、以下の表に示した値を指定します。

■**justify-content**に指定できる値

値	指定内容
flex-start	左揃え（初期値）
flex-end	右揃え
center	中央揃え
space-between	均等割り付け
space-around	左右に等間隔

　たとえば、フレックスアイテムを「中央揃え」で配置するときは、以下のようにCSSを記述します。

```
.f-container{
  display: flex;
  justify-content: center;
}
```

　各値を指定したときの配置は、それぞれ以下のようになります。

flex-start（左揃え）

flex-end（右揃え）

center（中央揃え）

space-between（均等割り付け）

space-around（左右に等間隔）

19.3　アイテムの配置（垂直方向）

各アイテムの「高さ」が異なる場合は、**align-items** プロパティで垂直方向の配置を指定することも可能です。このプロパティに指定できる主な値は以下のとおりです。

■align-items に指定できる値

値	指定内容
stretch	上下を揃える（初期値）
flex-start	上揃え
flex-end	下揃え
center	中央揃え
baseline	ベースライン揃え

各値を指定したときの配置は、それぞれ以下のようになります。

stretch（上下を揃える）

flex-start（上揃え）

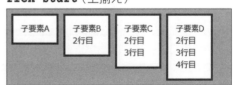

flex-end（下揃え）

center（中央揃え）

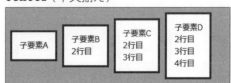

baseline（ベースライン揃え）

19.4　アイテムの折り返し

　アイテムの数が多いときは、途中で折り返して（改行して）配置することも可能です。この場合は、フレックスコンテナのdiv要素に**flex-wrap**プロパティを追加し、以下の表に示した値を指定します。

■**flex-wrap**に指定できる値

値	指定内容
nowrap	折り返さない（初期値）
wrap	折り返す
wrap-reverse	下から上へ折り返す

　各値を指定したときの配置は、それぞれ以下のようになります。

nowrap（折り返さない）

wrap（折り返す）

wrap-reverse（下から上へ折り返す）

このほかにも、アイテムを並べる方向を指定する**flex-direction**プロパティなど、フレックスボックスに関連するプロパティは数多く用意されています。気になる方は「フレックスボックス　CSS」などのキーワードでWebを検索してみてください。詳しく説明しているページを見つけられると思います。

演習

（1）フレックスボックスを使って、以下の図のようなWebページを作成してみましょう。

※`<div class="f-container">`～`</div>`でフレックスコンテナを作成します。
※それぞれのフレックスアイテムは、`<p class="f-item">`～`</p>`で作成します。
※各クラスに以下のCSSを指定します。

  .f-container ……………… **display:flex;**
  .f-item ———————————— 幅：60ピクセル   背景色：#007733
            枠線：outset、6ピクセル、#007733
            外部余白：5ピクセル 内部余白：5ピクセル
            行揃え：中央揃え
            文字サイズ：18ピクセル 文字色：#FFFFFF

（2）フレックスコンテナに以下のCSSを追加してみましょう。

  .f-container …………… 幅：400ピクセル
            アイテムの折り返し：折り返す
            背景色：#CCCCCC

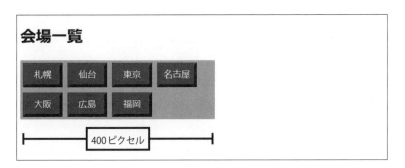

リンクのCSS

続いては、リンクの書式を指定する方法を解説します。この書式指定を覚えると、「訪問済みのリンク」や「マウスオーバー時のリンク」の表示をカスタマイズできるようになります。

20.1 リンクの書式指定

<a>～</a>で囲んで**リンク**にした文字は「青色＆下線」の書式で表示されます。この書式をCSSで変更するときは、**a要素**に対してCSSを指定します。たとえば、リンク文字の下線が不要な場合は、a要素に「text-decoration:none;」のCSSを指定します（P54参照）。

以下は、リンクの文字色を「赤色」（#FF0000）に変更し、「装飾線なし」（下線なし）のCSSを指定した例です。文字サイズには20ピクセルを指定しています。

▼ sample20-1.html

```
   ⋮
5  <head>
6  <meta charset="UTF-8">
7  <title>リンクの書式指定</title>
8  <style>
9    a{
10     font-size: 20px;
11     color: #FF0000;
12     text-decoration: none;
13   }
14 </style>
15 </head>
16
17 <body>
18 <h1>検索サイトのリンク集</h1>
19 <hr>
20 <p><a href="https://www.google.co.jp/">google</a></p>
21 <p><a href="https://www.yahoo.co.jp/">Yahoo! JAPAN</a></p>
22 <p><a href="https://www.bing.com/">Bing</a></p>
23 <hr>
24 </body>
   ⋮
```

a要素のCSSを指定

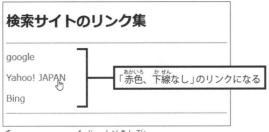

図20-1　リンク文字の書式指定

20.2　訪問済みリンク、マウスオーバー時の書式指定

　リンクの書式指定では**疑似クラス**もよく利用されます。疑似クラスは、条件付きでCSSを指定する記述方法です。疑似クラスを利用すると、「未訪問のリンク」や「訪問済みのリンク」、「マウスオーバー時の表示」など、条件に応じて異なるCSSを指定することが可能となります。

■リンクの書式指定に利用する疑似クラス

記述	条件
:link	未訪問のリンク
:visited	訪問済みのリンク
:hover	マウスを重ねたとき（マウスオーバー）
:active	マウスでクリックしたとき

　これらの疑似クラスは、「要素名」の後に続けて記述します。以下の例では、訪問済みのリンクを「灰色」（#666666）で表示し、マウスオーバー時に背景色を「赤色」（#FF0000）、文字色を「白色」（#FFFFFF）で表示するようにCSSを指定しています。なお、a要素には「左右5ピクセル」の内部余白を追加指定しています。

▼sample20-2.html

```
          ⋮
 8  <style>
 9    a{
10      font-size: 20px;
11      color: #FF0000;
12      text-decoration: none;
13      padding: 0px 5px;
14    }
15    a:visited{
16      color: #666666;
17    }
```

```
18    a:hover{
19      color: #FFFFFF;
20      background-color: #FF0000;
21    }
22  </style>
      ⋮
```

図20-2　疑似クラスを利用した書式指定

　もちろん、「クラス名」や「ID名」に対してCSSを指定するときも、疑似クラスを使用することが可能です。たとえば、クラス名が"ex"の要素の書式を指定するときは、.ex:visited{………}や.ex:hover{………}のようにCSSを記述します。

20.3　閲覧履歴の削除について

　リンクをクリックすると、そのリンクは「訪問済みのリンク」として扱われます。このため、「未訪問のリンク」の表示を確認できなくなる場合があります。このような場合は、Webブラウザの閲覧履歴を削除すると、リンク表示を「未訪問のリンク」に戻すことができます。
　Google Chromeを使用している場合は、[Ctrl]＋[Shift]＋[Delete]キーを押すと、閲覧履歴を削除する画面を表示できます。

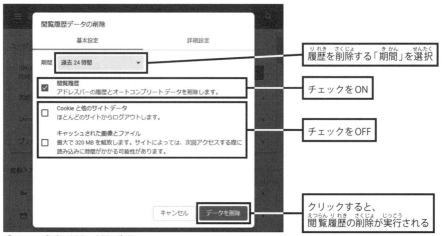

図20-3　閲覧履歴の削除画面

なお、この画面で「Cookieと他のサイトデータ」の項目をチェックすると、Google Chromeに記録されているIDとパスワードも削除されてしまうため、会員制のWebサイトに自動ログインできなくなります。閲覧履歴を削除するときは、この項目をチェックしないように注意してください。

演 習

（1）以下の図のようにWebページを作成してみましょう。

※各要素に以下のCSSを指定します。
　　　　p要素 …………………… 行間：40ピクセル
　　　　a要素 …………………… 背景色：#669966
　　　　　　　　　　　　　　　　角丸：7ピクセル
　　　　　　　　　　　　　　　　内部余白：（上）5ピクセル、（左右）10ピクセル、（下）3ピクセル
　　　　　　　　　　　　　　　　文字色：#FFFFFF
　　　　　　　　　　　　　　　　装飾線：なし
　　　　訪問済みのリンク ………………………… 背景色：#99CC99
　　　　マウスオーバー時のリンク ………… 背景色：#FF3333

※リンク先のURLは以下のとおりです。
　　　　東京国立近代美術館 ……… https://www.momat.go.jp/
　　　　京都国立近代美術館 ………… https://www.momak.go.jp/
　　　　国立西洋美術館 ……………… https://www.nmwa.go.jp/
　　　　国立国際美術館 ……………… https://www.nmao.go.jp/
　　　　国立新美術館 ………………… https://www.nact.jp/

Step 21 CSSのまとめ

このステップでは、これまでに解説してきたCSSについて簡単にまとめておきます。書式を自由に指定できるように、各プロパティの使い方を復習しておいてください。

21.1 CSSの記述方法

書式を指定するときは、**プロパティ:値;**という形でCSSを記述します。最後の「;」は各プロパティの区切りを示す記号となります。

CSSの記述方法は、「style属性を使う方法」と「<style>～</style>でCSSを指定する方法」の2種類があります。style属性にCSSを記述した場合は、その要素だけに書式が指定されます。ページ全体についてCSSを指定するときは、headの領域内に<style>～</style>を追加し、そこにCSSを記述します。このとき、書式指定の対象となる要素は、記述方法に応じて以下のように変化します。

要素名 {………}
要素名に指定した要素が書式指定の対象になります。

.クラス名 {………}
指定したクラス名を持つすべての要素が書式指定の対象になります。

#ID名 {………}
指定したID名を持つ要素だけが書式指定の対象になります。

21.2 CSSの優先順位

CSSの指定内容に矛盾が生じるときは、以下の優先順位で書式が指定されます。

(1) **style属性**　　　style="………"
(2) **ID名**　　　　　#ID名 {………}
(3) **クラス名**　　　.クラス名 {………}
(4) **要素名**　　　　要素名 {………}

たとえば、以下のようにCSSを記述した場合を考えてみましょう。

```
    ⋮
<style>
  p{
    font-size: 16px;
  }
</style>
    ⋮
<p style="font-size:20px;">2020年に東京でオリンピックが開催されます。<p> ── (A)
<p>4年後の2024年には、パリでオリンピックが開催されます。<p> ── (B)
    ⋮
```

　この場合、(A) の段落はstyle属性のCSSが優先されるため、「20ピクセルの文字サイズ」で表示されます。一方、(B) の段落にはstyle属性がないため、p{font-size:16px;} で指定した「16ピクセルの文字サイズ」で表示されます。
　このように、「同じプロパティ」に「異なる値」が指定されている場合は、前ページに示した優先順位で書式が指定されます。念のため、覚えておいてください。

21.3　文字書式のCSS

　文字の書式を指定するCSSは、以下のようなプロパティが用意されています。

font-size ·················· 文字サイズを「単位付きの数値」で指定します。

color ·················· 文字色を「色の名前」や「RGBの16進数」などで指定します。

font-weight ·················· 文字の太さを指定します。
　　　　　　　　　　　※normalまたはboldを指定するのが一般的

font-style ·················· 斜体の有無を指定します。
　　　　　　　　　　　※normal/italic/obliqueのいずれかを指定

text-decoration ········· 下線／上線／取り消し線といった装飾線を指定します。
　　　　　　　　　　　※none/underline/overline/line-throughのいずれかを指定

font-family ·················· 値に「フォント名」を記述して書体を指定します。
　　　　　　　　　　　※フォントの種類を指定するときは、以下のいずれかを指定
　　　　　　　　　　　　serif/sans-serif/cursive/fantasy/monospace

line-height ················· 行間を「数値」で指定します。
　　　　　　　　　　　　　※「単位付きの数値」で行間を指定することも可能

font ···················· 文字書式を一括指定します。
　　　　　　　　　　　　　※各値を半角スペースで区切って以下の順番で記述
　　　　　　　　　　　　　　①斜体の有無　②文字の太さ　③文字サイズ /④行間　⑤フォント
　　　　　　　　　　　　　（①②④は省略可）

text-align ················· 行揃えを指定します。
　　　　　　　　　　　　　※left/center/right/justifyのいずれかを指定

21.4　背景のCSS

要素の背景を色や画像で塗りつぶすCSSは、以下のようなプロパティが用意されています。

background-color ················· 背景色を「色の名前」や「RGBの16進数」などで指定します。

background-image ················· 背景画像を指定します。
　　　　　　　　　　　　　　　※URL("画像ファイル名")の形式で値を指定

background-repeat ················· 背景画像の繰り返しを指定します。
　　　　　　　　　　　　　　　※repeat/repeat-x/repeat-y/no-repeatのいずれか
　　　　　　　　　　　　　　　　を指定

background-position ············· 背景画像の配置を指定します。
　　　　　　　　　　　　　　　※横方向の位置はleft/center/rightで指定
　　　　　　　　　　　　　　　※縦方向の位置はtop/center/bottomで指定
　　　　　　　　　　　　　　　※縦横を両方とも指定するときは、2つの値を半角スペースで
　　　　　　　　　　　　　　　　区切って記述

background-size ················· 背景画像のサイズを指定します。
　　　　　　　　　　　　　　　※contain/cover/autoのいずれかを指定

background-attachment ········ 背景画像の固定を指定します。
　　　　　　　　　　　　　　　※fixed/scrollのいずれかを指定

21.5 ボックスのCSS

要素のサイズ（幅、高さ）、枠線、余白といったボックス関連の書式を指定するCSSは、以下のようなプロパティが用意されています。

width ┄┄┄┄┄┄┄ 要素の**幅**を「単位付きの数値」で指定します。

height ┄┄┄┄┄┄ 要素の**高さ**を「単位付きの数値」で指定します。

border ┄┄┄┄┄┄ 要素を囲む**枠線**の書式を指定します。
　　　　　　　　　※線種、太さ、色を半角スペースで区切って指定
　　　　　　　　　※線種には以下の10種類のいずれかを指定

　　　　　　　　　　none/hidden/solid/double/dashed/dotted/
　　　　　　　　　　groove/ridge/inset/outset

　　　　　　　　　※上下左右の枠線を個別に指定するときは、以下のプロパティを使用

　　　　　　　　　　border-top ┄┄┄┄┄┄ 上の枠線の書式を指定
　　　　　　　　　　border-right ┄┄┄┄┄ 右の枠線の書式を指定
　　　　　　　　　　border-bottom ┄┄┄┄ 下の枠線の書式を指定
　　　　　　　　　　border-left ┄┄┄┄┄┄ 左の枠線の書式を指定

padding ┄┄┄┄┄ 要素の**内部余白**を「単位付きの数値」で指定します。
　　　　　　　　　※上下左右の内部余白を個別に指定するときは、以下のプロパティを使用

　　　　　　　　　　padding-top ┄┄┄┄┄ 上の内部余白を指定
　　　　　　　　　　padding-right ┄┄┄ 右の内部余白を指定
　　　　　　　　　　padding-bottom ┄┄ 下の内部余白を指定
　　　　　　　　　　padding-left ┄┄┄┄ 左の内部余白を指定

　　　　　　　　　※複数の値を記述して上下左右の余白を指定することも可能（P78参照）

margin ┄┄┄┄┄┄ 要素の**外部余白**を「単位付きの数値」で指定します。
　　　　　　　　　※上下左右の外部余白を個別に指定するときは、以下のプロパティを使用

　　　　　　　　　　margin-top ┄┄┄┄┄┄ 上の外部余白を指定
　　　　　　　　　　margin-right ┄┄┄┄ 右の外部余白を指定
　　　　　　　　　　margin-bottom ┄┄┄ 下の外部余白を指定
　　　　　　　　　　margin-left ┄┄┄┄┄ 左の外部余白を指定

　　　　　　　　　※値にautoを指定してセンタリングを指定することも可能（P80参照）
　　　　　　　　　※複数の値を記述して上下左右の余白を指定することも可能（P80参照）

これらのプロパティ（書式）の関係を図にまとめると、次ページの図21-1のようになります。

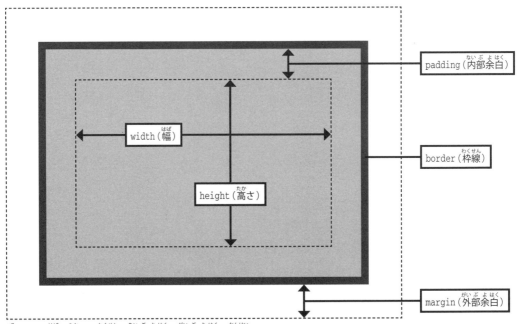

図21-1　幅、高さ、枠線、内部余白、外部余白の関係

図中のラベル：

padding（内部余白）

border（枠線）

margin（外部余白）

width（幅）

height（高さ）

21.6　角丸、影、半透明のCSS

　要素の四隅を角丸にしたり、要素に影を追加したり、要素を半透明で表示したりするCSSは、以下のようなプロパティが用意されています。

border-radius …………… 四隅の**角丸**の半径を「単位付きの数値」で指定します。

box-shadow ……………… 要素に**影**を追加します。
　　　　　　　　　　　　　※4つの「単位付き数値」と「影の色」を半角スペースで区切って指定
　　　　　　　　　　　　　　　1番目の値 ………………… 影を右方向へずらす距離
　　　　　　　　　　　　　　　2番目の値 ………………… 影を下方向へずらす距離
　　　　　　　　　　　　　　　3番目の値 ………………… 影をぼかすサイズ（省略可）
　　　　　　　　　　　　　　　4番目の値 ………………… 影を拡大するサイズ（省略可）
　　　　　　　　　　　　　※値の最後にinsetを指定した場合は、要素の内側に影を表示

opacity ………………………… 要素の**不透明度**を0～1の「数値」で指定します。

21.7　回り込みのCSS

要素を左右に回り込ませて配置するCSSは、以下のようなプロパティが用意されています。

float ·············· 要素を左または右に寄せて、以降の要素を**回り込み**で配置します。
　　　　　　　　※leftまたはrightを指定

clear ·············· **回り込みの解除**を行い、以降の要素を通常の配置に戻します。
　　　　　　　　※left/right/both/noneのいずれかを指定

21.8　フレックスボックスのCSS

　フレックスボックスを使って要素を配置するためのCSSは、以下のようなプロパティが用意されています。

display ································· 値に**flex**を指定すると**フレックスコンテナ**になります。
　　　　　　　　　　　　※**子要素**が**フレックスアイテム**として扱われるようになります。

justify-content ········ アイテムの**水平方向の配置**を指定します。
　　　　　　　　　　　　※flex-start/flex-end/center/
　　　　　　　　　　　　　space-between/space-aroundのいずれかを指定

align-items ···················· アイテムの**垂直方向の配置**を指定します。
　　　　　　　　　　　　※stretch/flex-start/flex-end/center/baselineの
　　　　　　　　　　　　　いずれかを指定

flex-wrap ······················· アイテムの**折り返し**を指定します。
　　　　　　　　　　　　※nowrap/wrap/wrap-reverseのいずれかを指定

21.9 リンクのCSS

リンクの書式を指定するときは、**a要素**に対してCSSを指定します。このとき、**疑似クラス**を利用して条件別にCSSを指定することも可能です。疑似クラスを利用するときは以下のようにCSSを記述します。

a:link{………} ·········· 未訪問のリンクのCSSを指定

a:visited{………} ·········· 訪問済みのリンクのCSSを指定

a:hover{………} ·········· マウスオーバー時のCSSを指定

a:active{………} ·········· マウスでクリックしたときのCSSを指定

演 習

（1）ステップ18の演習（1）で作成したHTMLを、以下の図のようなレイアウトに変更してみましょう。

※色、幅、余白などの書式は、最適なレイアウトになるように各自の判断で調整してください。
※必要に応じてdiv要素を追加してください。

表の作成

ここからはHTMLに話を戻して解説を進めていきます。まずは、表の基本的な作成方法について解説します。HTMLでは、table、tr、td、thなどの要素を使って表を作成します。

22.1　表作成の基本　<table>、<tr>、<td>

表を作成するときは、**table**、**tr**、**td**といった3つの要素を使用します。これらは、それぞれ以下の内容を指定する要素となります。

<table> 〜 </table> ……………… **表の範囲**を指定します。

<tr> 〜 </tr> ……………………… 表内の**行**を指定します。
　　　　　　　　　　　　　　<tr> 〜 </tr>を繰り返した数だけ行が作成されます。

<td> 〜 </td> ……………………… 各列の**セル**（マス目）を指定します。
　　　　　　　　　　　　　　<td> 〜 </td>を繰り返した数だけセルが作成されます。

これだけでは少しわかりにくいと思うので、以下に具体的な例を示します。

```
<table>
  <tr><td>日付</td><td>7（金）</td><td>8（土）</td><td>9（日）</td></tr>
  <tr><td>天気</td><td>雨</td><td>くもり</td><td>晴れ</td></tr>
  <tr><td>最高気温</td><td>21℃</td><td>23℃</td><td>26℃</td></tr>
  <tr><td>最低気温</td><td>15℃</td><td>16℃</td><td>18℃</td></tr>
  <tr><td>降水確率</td><td>90%</td><td>40%</td><td>10%</td></tr>
</table>
```

日付	7（金）	8（土）	9（日）
天気	雨	くもり	晴れ
最高気温	21℃	23℃	26℃
最低気温	15℃	16℃	18℃
降水確率	90%	40%	10%

図22-1　枠線のない表

HTMLで作成した表は、各セルの枠線が「枠線なし」に初期設定されています。このため、単にtable、tr、tdの要素だけを記述すると、図22-1のように「枠線のない表」が作成されます。

枠線を表示させるには、td要素に対して枠線（border）のCSSを指定しなければなりません。たとえば、td要素に「実線、2ピクセル、#666666」の枠線を指定すると、図22-2のような表を作成できます。

```
<style>
  td{
    border: solid 2px #666666;
  }
</style>
```

日付	7（金）	8（土）	9（日）
天気	雨	くもり	晴れ
最高気温	21℃	23℃	26℃
最低気温	15℃	16℃	18℃
降水確率	90%	40%	10%

図22-2　枠線を指定した表

　ただし、セルとセルの間に間隔があることが気になる方もいるでしょう。この間隔をなくすには、table要素に「**border-collapse:collapse;**」というCSSを指定する必要があります。

```
<style>
  table{
    border-collapse: collapse;
  }
  td{
    border: solid 2px #666666;
  }
</style>
```

日付	7（金）	8（土）	9（日）
天気	雨	くもり	晴れ
最高気温	21℃	23℃	26℃
最低気温	15℃	16℃	18℃
降水確率	90%	40%	10%

図22-3　セルの間隔を「なし」に指定した表

22.2　見出しのセル　<th>

　セルを作成するときにth要素を使用することも可能です。<th>〜</th>は見出しのセルを作成する要素です。th要素を使ってセルを作成した場合、セル内の文字が「太字、中央揃え」の書式で表示されます。

　これまでの復習も兼ねて、次ページにHTML全体の記述例を示しておきましょう。th要素を使用するときは、th要素にも枠線（border）のCSSを指定する必要があることを忘れないようにしてください。

▼ **sample22-4.html**

```
1    <!DOCTYPE html>
2
3    <html lang="ja">
4
5    <head>
6    <meta charset="UTF-8">
7    <title>表の作成</title>
8    <style>
9      table{
10       border-collapse: collapse;
11     }
12     td{
13       border: solid 2px #666666;
14     }
15     th{
16       border: solid 2px #666666;
17     }
18   </style>
19   </head>
20
21   <body>
22   <h1>表の作成</h1>
23   <table>
24     <tr><th>日付</th><th>7（金）</th><th>8（土）</th><th>9（日）</th></tr>
25     <tr><th>天気</th><td>雨</td><td>くもり</td><td>晴れ</td></tr>
26     <tr><th>最高気温</th><td>21℃</td><td>23℃</td><td>26℃</td></tr>
27     <tr><th>最低気温</th><td>15℃</td><td>16℃</td><td>18℃</td></tr>
28     <tr><th>降水確率</th><td>90%</td><td>40%</td><td>10%</td></tr>
29   </table>
30   </body>
31
32   </html>
```

- 10行目 → セルとセルの間隔を「なし」に指定
- 13行目 → 枠線を指定
- 16行目 → 枠線を指定

日付	7（金）	8（土）	9（日）
天気	雨	くもり	晴れ
最高気温	21℃	23℃	26℃
最低気温	15℃	16℃	18℃
降水確率	90%	40%	10%

→ <th> ～ </th> で作成したセルは「太字、中央揃え」で表示される

図22-4　見出しのセル

22.3　表内に画像を配置

　表内に**画像**を配置することも可能です。この場合は、\<td\> ～ \</td\> または\<th\> ～ \</th\>の中に**img要素**を記述します。

▼ **sample22-5.html**

```
     ⋮
23  <table>
24    <tr><th>日付</th><th>7（金）</th><th>8（土）</th><th>9（日）</th></tr>
25    <tr>
26      <th>天気</th>
27      <td><img src="ame.png" alt="雨マーク"></td>
28      <td><img src="kumori.png" alt="くもりマーク"></td>
29      <td><img src="hare.png" alt="晴れマーク"></td>
30    </tr>
31    <tr><th>最高気温</th><td>21℃</td><td>23℃</td><td>26℃</td></tr>
     ⋮
```

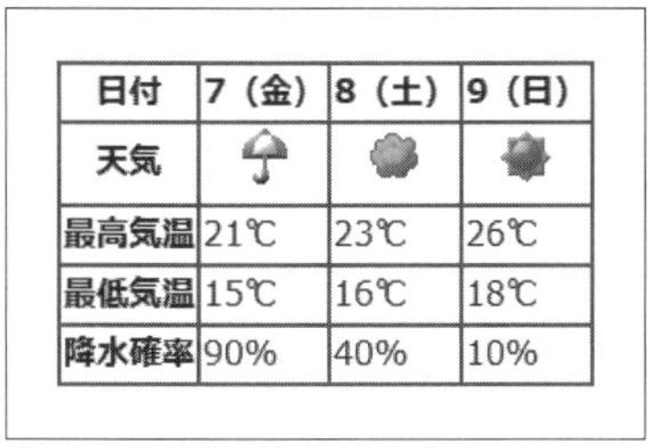

日付	7（金）	8（土）	9（日）
天気	☂	☁	☁
最高気温	21℃	23℃	26℃
最低気温	15℃	16℃	18℃
降水確率	90%	40%	10%

図22-5　画像を配置した表

22.4　キャプションの配置　\<caption\>

　続いては、「表のタイトル」となる**キャプション**を指定する方法を解説します。表にキャプションを追加するときは、**caption要素**を使用し、**\<caption\> ～ \</caption\>** の間に「表のタイトル」などの文字を記述します。なお、caption要素は\<table\>の直後に記述するのが基本です。

▼ **sample22-6.html**

```
     ⋮
23  <table>
24  <caption>週末の天気</caption>          ここにキャプションを追加
25    <tr><th>日付</th><th>7（金）</th><th>8（土）</th><th>9（日）</th></tr>
```

122

```
26    <tr>
27      <th>天気</th>
28      <td><img src="ame.png" alt="雨マーク"></td>
29      <td><img src="kumori.png" alt="くもりマーク"></td>
30      <td><img src="hare.png" alt="晴れマーク"></td>
31    </tr>
32    <tr><th>最高気温</th><td>21℃</td><td>23℃</td><td>26℃</td></tr>
            ⋮
```

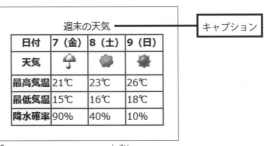

図22-6　キャプションの指定

演　習

（1）以下の図のようなWebページを作成してみましょう。セルの枠線には「実線、2ピクセル、#666666」の書式を指定します。

◆漢字の読み
商品情報、内容量、価格、通常、円、大、特大

（2）表に「内容量と価格の一覧」というキャプションを追加してみましょう。

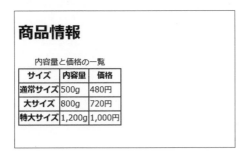

Step 23 表のCSS指定

続いては、表の書式を指定する方法について解説します。表のデザインを自由にカスタマイズできるように、表にCSSを指定する方法も学んでおいてください。

23.1 セルの書式指定

　表を見やすくするには、th要素やtd要素に対して適切なCSSを指定する必要があります。たとえば、th要素とtd要素にwidthやheightを指定すると、各セルのサイズを調整することができます。そのほか、paddingで内部余白を指定したり、background-colorで背景色を指定したりするなど、CSSを使って表の見た目を自由にカスタマイズすることが可能です。セル内の文字の行揃えはtext-alignで指定します。

　このとき、**th,td{………}**のように要素名を「**,**」（カンマ）で区切って記述すると、th要素とtd要素に同じ書式を一括指定できます。CSSの記述を簡略化する方法としてよく利用される記述方法なので、この機会に覚えておいてください。

　以下は、th要素とtd要素に、枠線、幅、高さ、内部余白を指定した例です。さらに、th要素には背景色、td要素には「右揃え」の書式を指定してあります。

▼ sample23-1.html

```
         ⋮
5   <head>
6   <meta charset="UTF-8">
7   <title>表のCSS指定</title>
8   <style>
9     table{
10      border-collapse: collapse;
11    }
12    th,td{
13      border: solid 2px #000000;
14      width: 100px;
15      height: 30px;
16      padding: 5px;
17    }
18    th{
19      background-color: #FFCC66;
20    }
```

th要素とtd要素に共通する書式

見出しセルに背景色を指定

```
21    td{
22       text-align: right;  ─────── 通常のセルに「右揃え」を指定
23    }
24  </style>
25  </head>
26
27  <body>
28  <h1>入場料</h1>
29  <table>
30    <tr><th></th><th>平日</th><th>土曜</th><th>日曜・祝日</th></tr>
31    <tr><th>大　人</th><td>1,500円</td><td>1,800円</td><td>1,900円</td></tr>
32    <tr><th>高校生</th><td>1,200円</td><td>1,400円</td><td>1,500円</td></tr>
33    <tr><th>中学生</th><td>900円</td><td>1,100円</td><td>1,200円</td></tr>
34    <tr><th>小学生</th><td>500円</td><td>800円</td><td>1,000円</td></tr>
35  </table>
36  </body>
37
38  </html>
```

入場料

	平日	土曜	日曜・祝日
大　人	1,500円	1,800円	1,900円
高校生	1,200円	1,400円	1,500円
中学生	900円	1,100円	1,200円
小学生	500円	800円	1,000円

図23-1　表のCSS指定

　このようにCSSを指定すると、表を見やすく仕上げることができます。もちろん、th要素やtd要素にclass属性を追加して、各セルに異なる書式を指定することも可能です。

☞ ワンポイント

縦方向の配置の指定　vertical-align
　表内の文字は、セルの「上下中央」に配置されます。セルの「上部」または「下部」に文字を配置するときは、th要素やtd要素にvertical-alignプロパティを指定します。この値にtopを指定すると「上揃え」、bottomを指定すると「下揃え」で文字を配置できます。

23.2 キャプションの配置　caption-side

　続いては、キャプションの配置について解説します。キャプションは表の「上部、左右中央」に配置されるように初期設定されています。

　キャプションを表の下部に配置するときは、caption要素に**caption-side**プロパティを追加し、値に**bottom**を指定します。すると、図23-2のように表の下部にキャプションを配置できます。そのほか、font-sizeやtext-alignなどのプロパティをcaption要素に指定し、文字の書式を指定することも可能です。

▼ sample23-2.html

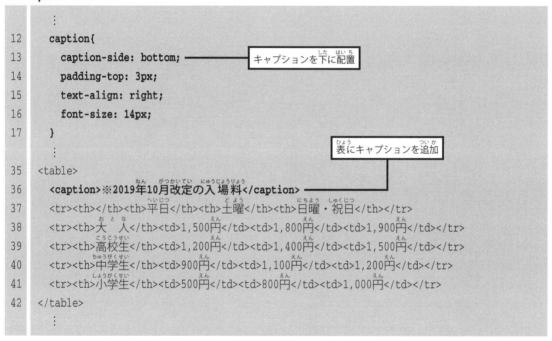

```
12  caption{
13    caption-side: bottom;        ← キャプションを下に配置
14    padding-top: 3px;
15    text-align: right;
16    font-size: 14px;
17  }
                                    ← 表にキャプションを追加
35  <table>
36    <caption>※2019年10月改定の入場料</caption>
37    <tr><th></th><th>平日</th><th>土曜</th><th>日曜・祝日</th></tr>
38    <tr><th>大　人</th><td>1,500円</td><td>1,800円</td><td>1,900円</td></tr>
39    <tr><th>高校生</th><td>1,200円</td><td>1,400円</td><td>1,500円</td></tr>
40    <tr><th>中学生</th><td>900円</td><td>1,100円</td><td>1,200円</td></tr>
41    <tr><th>小学生</th><td>500円</td><td>800円</td><td>1,000円</td></tr>
42  </table>
```

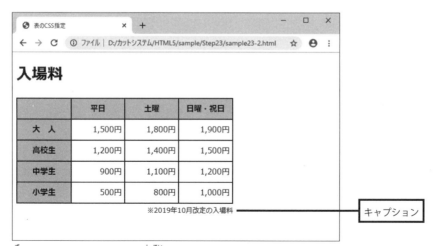

図23-2　キャプションのCSS指定

23.3 セルとセルの間隔　border-collapse

　ステップ22でも解説したように、セルとセルの間を間隔を空けずに表示するには、table要素に**border-collapse**プロパティを指定する必要があります。このプロパティは、「各セルの枠線を重ねて表示」もしくは「間隔を空けて表示」を指定するもので、以下の値を指定できます。

■border-collapseに指定できる値

値	指定内容
separate	間隔を空けて枠線を表示（初期値）
collapse	枠線を重ねて表示

　border-collapseプロパティの初期値にはseparateが指定されています。このため、border-collapseプロパティ指定しないと、セルとセルが離れている表が作成されます。一般的な表を作成するときは、border-collapseプロパティにcollapseを指定するのを忘れないようにしてください。

☞ **ワンポイント**

セルとセルの間隔の指定　border-spacing
　セルとセルの間に間隔を設けるときに、**border-spacing**プロパティで間隔の広さを指定することも可能です。このプロパティの値は「**border-spacing:10px;**」のように「単位付きの数値」で指定します。

23.4　枠線の非表示について

　表の枠線について解説したついでに、**border**プロパティにnoneを指定した場合と、hiddenを指定した場合の違いについて解説しておきます。どちらも枠線を「なし」にする書式指定ですが、隣のセルと枠線が重なるときは、値に応じて表示が異なることに注意してください。

　次ページの例は、「日曜・祝日」のセルにstyle属性で「border:none;」を指定した例です。この場合、左と下に隣接するセルには枠線が指定されているため、上と右の枠線だけが「枠線なし」の状態になります。

▼ sample23-3.html

```
     ⋮
35   <table>
36     <caption>※2019年10月改定の入場料</caption>
37     <tr><th></th><th>平日</th><th>土曜</th><th style="border:none;">日曜・祝日</th></tr>
38     <tr><th>大　人</th><td>1,500円</td><td>1,800円</td><td>1,900円</td></tr>
     ⋮
```

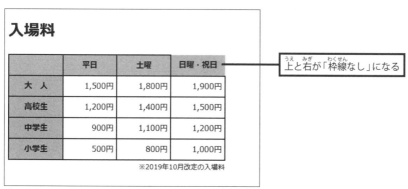

図23-3　「border:none;」を指定した場合

　一方、「border:hidden;」を指定した場合は、隣接するセルの書式指定に関係なく、上下左右がすべて「枠線なし」の状態になります。

▼ sample23-4.html

```
     ⋮
35   <table>
36     <caption>※2019年10月改定の入場料</caption>
37     <tr><th></th><th>平日</th><th>土曜</th><th style="border:hidden;">日曜・祝日</th></tr>
38     <tr><th>大　人</th><td>1,500円</td><td>1,800円</td><td>1,900円</td></tr>
     ⋮
```

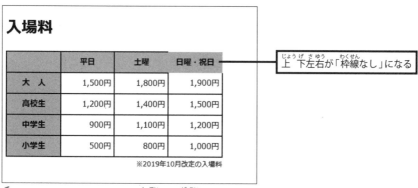

図23-4　「border:hidden;」を指定した場合

borderプロパティのnoneとhiddenには、このような違いがあることも覚えておいてください。

演習

（1）ステップ22の演習（2）で作成したHTMLについて、CSSを以下のように変更してみましょう。

table要素 ················· セルとセルの間隔：なし

caption要素 ············· 文字サイズ：18ピクセル
　　　　　　　　　　　　文字の太さ：太字
　　　　　　　　　　　　行揃え：左揃え

th、td共通 ················ 幅：120ピクセル
　　　　　　　　　　　　高さ：30ピクセル
　　　　　　　　　　　　枠線：実線、2ピクセル、#000000
　　　　　　　　　　　　内部余白：10ピクセル

th要素 ····················· 背景色：#336633
　　　　　　　　　　　　文字色：#FFFFFF

td要素 ····················· 文字サイズ：18ピクセル
　　　　　　　　　　　　行揃え：右揃え

グループ化とセルの結合

HTMLには、表の行や列をグループ化する要素も用意されています。また、セルの結合により完全な格子状でない表を作成することも可能です。ステップ24では、これらの機能について解説します。

24.1 行のグループ化 <thead>、<tbody>、<tfoot>

行をグループ化する要素は、各行の内容を明確にする、CSSを効率よく指定する、といった目的で利用されます。行をグループ化する要素は、以下の3種類があります。

<thead> 〜 </thead> ·················· 見出しとなる行（表の上部）のグループ化

<tbody> 〜 </tbody> ·················· データとなる行のグループ化

<tfoot> 〜 </tfoot> ·················· 集計行となる行（表の下部）のグループ化

これらの要素を使用するときは、以下の記述ルールに従わなければなりません。

・caption要素より後に記述する
・thead要素は、tbody要素やtfoot要素より前に記述する
・thead要素とtfoot要素は、それぞれ1回ずつしか記述できない
　（tbody要素は何回でも記述できます）

具体的な例を見ていきましょう。以下は、表の1行目を<thead> 〜 </thead>でグループ化し、さらに2〜5行目を<tbody> 〜 </tbody>でグループ化した例です。この表には集計行が存在しないため、<tfoot> 〜 </tfoot>は指定していません。

▼ sample24-1.html

```
      ⋮
39  <table>
40    <caption>※2019年10月改定の入場料</caption>
41    <thead>
42      <tr><th></th><th>平日</th><th>土曜</th><th>日曜・祝日</th></tr>
43    </thead>
44    <tbody>
45      <tr><th>大　人</th><td>1,500円</td><td>1,800円</td><td>1,900円</td></tr>
46      <tr><th>高校生</th><td>1,200円</td><td>1,400円</td><td>1,500円</td></tr>
47      <tr><th>中学生</th><td>900円</td><td>1,100円</td><td>1,200円</td></tr>
```

```
48      <tr><th>小学生</th><td>500円</td><td>800円</td><td>1,000円</td></tr>
49    </tbody>
50  </table>
      ⋮
```

　この状態でthead要素やtbody要素にCSSを指定すると、表の「1行目」と「2〜5行目」に異なる書式を指定できます。以下は、thead要素に「#009966の背景色」と「#FFFFFFの文字色」、tbody要素に「#CCCCCCの背景色」を指定した例です。念のため、th要素とtd要素のCSSも掲載しておきます。

▼ sample24-1.html

```
      ⋮
18  th,td{
19      border: solid 2px #000000;
20      width: 100px;
21      height: 30px;
22      padding: 5px;
23  }
24  td{
25      text-align: right;
26  }
27  thead{
28      background-color: #009966;
29      color: #FFFFFF;
30  }
31  tbody{
32      background-color: #CCCCCC;
33  }
      ⋮
```

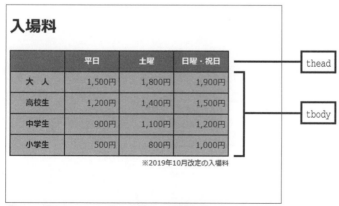

図24-1　行のグループ化を利用した書式指定

24.2 列のグループ化 <colgroup>

　続いては、**列をグループ化**する方法について解説します。この場合は、**colgroup**要素を使用し、**span**属性で「グループ化する列の数」を左から順番に指定していきます。colgroup要素は、「caption要素の後」「thead要素の前」に記述しなければなりません。

　具体的な例を見ていきましょう。以下は、「1〜2列目」「3列目」「4列目」という具合に、列を3つのグループに分けた例です。「3列目」と「4列目」のcolgroup要素には、"sat"と"sun"のID名を指定してあります。

▼ sample24-2.html

```
    :
42  <table>
43   <caption>※2019年10月改定の入場料</caption>
44   <colgroup span="2"></colgroup>
45   <colgroup span="1" id="sat"></colgroup>
46   <colgroup span="1" id="sun"></colgroup>
47   <thead>
48    <tr><th></th><th>平日</th><th>土曜</th><th>日曜・祝日</th></tr>
49   </thead>
50   <tbody>
51    <tr><th>大　人</th><td>1,500円</td><td>1,800円</td><td>1,900円</td></tr>
52    <tr><th>高校生</th><td>1,200円</td><td>1,400円</td><td>1,500円</td></tr>
53    <tr><th>中学生</th><td>900円</td><td>1,100円</td><td>1,200円</td></tr>
54    <tr><th>小学生</th><td>500円</td><td>800円</td><td>1,000円</td></tr>
55   </tbody>
56  </table>
    :
```

　この状態で"sat"と"sun"のIDに対してCSSを指定すると、「3列目」と「4列目」に異なる書式を指定できます。以下は、3列目（土曜）に#BBDDFF、4列目（日曜・祝日）に#FFBBDDの背景色を指定した例です。

▼ sample24-2.html

```
    :
27  thead{
28    background-color: #009966;
29    color: #FFFFFF;
30  }                              ← tbody要素のCSSを削除
31  #sat{
32    background-color: #BBDDFF;
33  }
```

```
34    #sun{
35      background-color: #FFBBDD;
36    }
      ⋮
```

　ただし、表の1行目は「#009966の背景色」で表示されます。これは、thead要素に「#009966
の背景色」が指定されているためです。colgroupとthead／tbody／tfootを併用したときは、
thead／tbody／tfootのCSS指定が優先されます。なお、今回の例では2～5行目の背景色を
なくすために、tbody要素のCSSは削除してあります。

入場料

	平日	土曜	日曜・祝日
大　人	1,500円	1,800円	1,900円
高校生	1,200円	1,400円	1,500円
中学生	900円	1,100円	1,200円
小学生	500円	800円	1,000円

※2019年10月改定の入場料

図24-2　列のグループ化を利用した書式指定

24.3　セルを横に連結

　続いては、完全な格子状でない表を作成する方法を解説します。この場合は、th要素やtd要
素に**colspan属性**を追加し、その値に**セルを右方向に連結する数**を指定します。
　たとえば、以下のようにHTMLを記述すると、4行目の2～3列目、5行目の2～4列目を連結
して「1つのセル」として扱うことができます。

▼ **sample24-3.html**

```
      ⋮
35   <table>
36    <caption>※2019年10月改定の入場料</caption>
37    <tr><th></th><th>平日</th><th>土曜</th><th>日曜・祝日</th></tr>
38    <tr><th>大　人</th><td>1,500円</td><td>1,800円</td><td>1,900円</td></tr>
39    <tr><th>高校生</th><td>1,200円</td><td>1,400円</td><td>1,500円</td></tr>
40    <tr><th>中学生</th><td colspan="2">900円</td><td>1,200円</td></tr>
41    <tr><th>小学生</th><td colspan="3">500円</td></tr>
42   </table>
      ⋮
```

図24-3　セルを横に連結した表

　この例では「900円のセル」を「右隣のセル」と連結して2セル分の幅にしています。このとき、セルを連結した分だけ、td要素（またはth要素）の記述を減らす必要があることに注意してください。同様に、「500円のセル」は3セル分の連結を行っています。なお、この例では文字を「中央揃え」で表示するため、td要素のCSSを「text-align: center;」に変更してあります。

24.4　セルを縦に連結

　セルを縦方向に連結する属性も用意されています。この場合は、th要素やtd要素に**rowspan**属性を追加し、その値に**セルを下方向に連結する数**を指定します。

▼ sample24-4.html

```
   ⋮
35 <table>
36   <caption>※2019年10月改定の入場料</caption>
37   <tr><th></th><th>平日</th><th>土曜</th><th>日曜・祝日</th></tr>
38   <tr><th>大　人</th><td>1,500円</td><td>1,800円</td><td>1,900円</td></tr>
39   <tr><th>高校生</th><td>1,200円</td><td>1,400円</td><td rowspan="3">1,500円</td></tr>
40   <tr><th>中学生</th><td>900円</td><td rowspan="2">1,100円</td></tr>
41   <tr><th>小学生</th><td>500円</td></tr>
42 </table>
   ⋮
```

図24-4　セルを縦に連結した表

この例では、「1,500円のセル」を3セル分、「1,100円のセル」を2セル分の高さに変更しています。この場合も、セルの連結に応じて以降の行のtd要素（またはth要素）の記述を減らす必要があります。横に連結させる場合より複雑になりますが、よく考えれば仕組みを理解できると思います。

演習

（1）以下のような表を作成し、thead要素とtbody要素で行をグループ化してみましょう。

※1行目と1～3列目はth要素でセルを作成します。
※要素に以下のCSSを指定します。

table要素 ………… セルとセルの間隔：なし
caption要素 ……… 配置：表の下部　　　行揃え：右揃え
th、td共通 ……… 幅：100ピクセル
　　　　　　　　　枠線：実線、2ピクセル、#333333
　　　　　　　　　内部余白：10ピクセル
td要素 ………… 行揃え：右揃え
thead要素 ……… 背景色：#3399CC　　　文字色：#FFFFFF

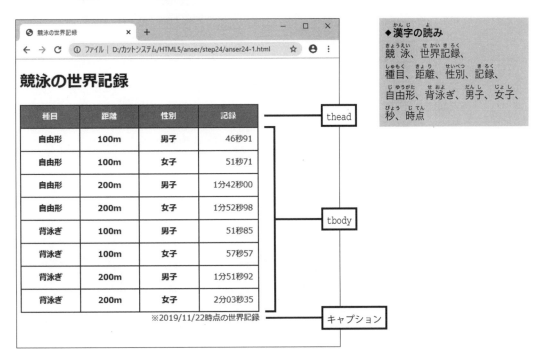

◆漢字の読み
競泳、世界記録、
種目、距離、性別、記録、
自由形、背泳ぎ、男子、女子、
秒、時点

（2）「自由形」「背泳ぎ」「100m」「200m」のセルを縦に連結して、1つのセルで表示するようにしてみましょう。

Step 25 リストの作成と活用

続いては、HTMLでリスト（箇条書き）を作成する方法を解説します。また、リストを活用してメニュー（リンク）を作成する方法についても紹介しておきます。

25.1 リストの作成 <ul>、<li>

　箇条書きで文字を掲載するときは、リストを使うと便利です。リストは ul 要素と li 要素を使って作成します。具体的には、**<ul> ～ </ul>** でリストの範囲を指定し、その中に **<li> ～ </li>** で各項目を記述していきます。すると、図25-1のような形式で文字を表示できます。

▼ sample25-1.html

```
      ┊
11  <h1>閉会式のプログラム</h1>
12  <ul>
13    <li>閉会式の挨拶</li>
14    <li>各部門賞の発表</li>
15    <li>グランプリの発表</li>
16    <li>総評</li>
17  </ul>
      ┊
```

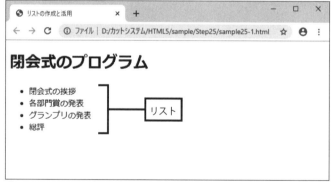

図25-1　リストを使った文字の表示

　リストとして表示された文字は、項目の先頭に「•」の記号が表示されます。この記号のことを**マーカー**といいます。

25.2　番号付きリストの作成　<ol>、<li>

「・」の記号ではなく、「1、2、3、……」の番号が先頭に並ぶリストを作成することも可能です。この場合は、ul要素の代わりに**ol要素**を使用します。それ以外の記述方法は通常のリストを作成する場合と同じです。**<li> ～ </li>** を使って各項目を記述していきます。

```
<ol>
    <li>閉会式の挨拶</li>
    <li>各部門賞の発表</li>
    <li>グランプリの発表</li>
    <li>総評</li>
</ol>
```

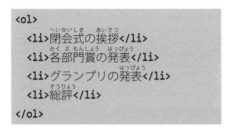

図25-2　番号付きリストを使った文字の表示

25.3　リストの階層化

<li> ～ </li> の中に <ul> ～ </ul> を記述すると、リストを階層化できます。同様に、<li> ～ </li> の中に <ol> ～ </ol> を記述し、番号付きのリストを階層化することも可能です。

以下は、<ol> ～ </ol> で番号付きリストを作成し、その中に <ul> ～ </ul> で通常のリストを作成した例です。

```
<ol>
    <li>閉会式の挨拶</li>
    <li>各部門賞の発表
    <ul>
        <li>技術賞</li>
        <li>アイデア賞</li>
        <li>デザイン賞</li>
    </ul>
    </li>
    <li>グランプリの発表</li>
    <li>総評</li>
</ol>
```

```
閉会式のプログラム

  1. 閉会式の挨拶
  2. 各部門賞の発表
       ◦ 技術賞
       ◦ アイデア賞
       ◦ デザイン賞
  3. グランプリの発表
  4. 総評
```

図25-3　階層のあるリスト

25.4　マーカー指定のCSS　list-style-type

　リストの行頭に表示されるマーカーの種類をCSSで指定することも可能です。この場合は、ul 要素やol要素に**list-style-type**プロパティを追加し、以下のいずれかの値を指定します。

■list-style-typeに指定できる主な値

値	マーカーの表示
none	マーカーなし
disc	黒丸（ulの初期値）
circle	白丸
square	四角
decimal	1、2、3、4、……（olの初期値）
decimal-leading-zero	01、02、03、04、……
lower-roman	i、ii、iii、iv、……
upper-roman	I、II、III、IV、……
lower-alpha	a、b、c、d、……
upper-alpha	A、B、C、D、……
lower-greek	α、β、γ、δ、……

　このほかにも指定できる値はありますが、あまり一般的ではなく、また未対応のWebブラウザが多いため、ここでは省略します。以下に、「ローマ数字」と「四角」をマーカーに指定した例を紹介しておくので参考としてください。

```
ol{
  list-style-type: upper-roman;
  font-weight: bold;
  line-height: 2.0;
}
```

```
ul{
  list-style-type: square;
  font-weight: normal;
  line-height: 1.5;
}
```

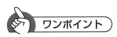

閉会式のプログラム

  I. 閉会式の挨拶

 II. 各部門賞の発表
- 技術賞
- アイデア賞
- デザイン賞

III. グランプリの発表

IV. 総評

図25-4　CSSを指定したリスト

☞ ワンポイント

マーカーに画像を利用する
　自分で用意したアイコン画像をリストのマーカーとして利用することも可能です。この場合は `list-style-image` プロパティを使用し、その値に `url("画像ファイル名")` という形式で画像ファイルを指定します。たとえば、「icon.png」をリストのマーカーとして利用するときは、「`list-style-image:url("icon.png");`」とCSSを記述します。

25.5　リストを活用したリンク

　ul要素とli要素を使って**メニュー**を作成する場合もあります。具体的な例を紹介しておきましょう。
　以下は、Webサイトの主要なページへ移動するための「ナビゲーションメニュー」をリストで作成した例です。`<li>` ～ `</li>` の中に `<a>` ～ `</a>` を記述することにより、それぞれの文字をリンクとして機能させています。

```
<ul>
  <li><a href="index.html">トップページ</a></li>
  <li><a href="info.html">新着情報</a></li>
  <li><a href="gallery.html">ギャラリー</a></li>
  <li><a href="contact.html">お問い合わせ</a></li>
  <li><a href="link.html">リンク集</a></li>
</ul>
```

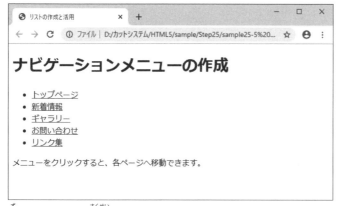

図25-5　リストで作成したメニュー

　ただし、このままの状態では見栄えがよくありません。そこで、ul要素やa要素にCSSを指定してデザインを整えます。このとき、ul要素に「**display:flex;**」を指定してフレックスコンテナにすると、リストを横に並べて配置できます。

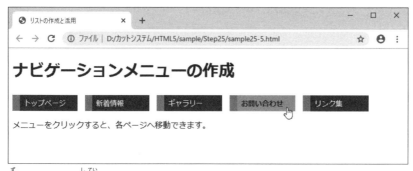

図25-6　CSSを指定したメニュー

　以下に、HTMLとCSSを紹介しておきます。この例では、a要素に「**display:block;**」のCSSを指定して、a要素を**ブロックレベル要素に変更**しています。通常、a要素はインライン要素となるため「文字の部分」だけがリンクとして機能しますが、ブロックレベル要素に変更すると「要素全体」をリンクとして機能させることが可能となります。また、幅（width）などのCSSも指定できるようになります。

▼sample25-5.html

```
1   <!DOCTYPE html>
2
3   <html lang="ja">
4
5   <head>
6   <meta charset="UTF-8">
7   <title>リストの作成と活用</title>
```

```
 8   <style>
 9     ul{
10       list-style-type: none;                ・マーカー「なし」
11       display: flex;                        ・フレックスコンテナに変更
12       padding-left: 0px;                    ・左の内部余白0
13     }
14     a{
15       display: block;          ブロックレベル要素に変更
16       width: 100px;
17       background-color: #333333;
18       border-left: solid 15px #FF6666;
19       padding: 6px 8px 4px;
20       margin-right:15px;
21       font-size: 14px;
22       text-decoration: none;
23       color: #FFFFFF;
24     }
25     a:hover{
26       background-color: #FF9999;
27       font-weight: bold;            マウスオーバー時の書式指定
28       color: #000000;
29     }
30   </style>
31   </head>
32
33   <body>
34   <h1>ナビゲーションメニューの作成</h1>
35   <ul>
36     <li><a href="index.html">トップページ</a></li>
37     <li><a href="info.html">新着情報</a></li>
38     <li><a href="gallery.html">ギャラリー</a></li>
39     <li><a href="contact.html">お問い合わせ</a></li>
40     <li><a href="link.html">リンク集</a></li>
41   </ul>
42   <p>メニューをクリックすると、各ページへ移動できます。</p>
43   </body>
44
45   </html>
```

（1）ul要素とli要素を使って、以下のようなリストを作成してみましょう。

> ## 人口1億人以上の国（2018）
>
> - 中国
> - インド
> - アメリカ合衆国
> - インドネシア
> - パキスタン
> - ブラジル
> - ナイジェリア
> - バングラディシュ
> - ロシア
> - 日本
> - メキシコ
> - エチオピア
> - フィリピン

◆ 漢字の読み

人口、1億人、以上、国、中国、合衆国、日本

（2）演習（1）で作成したリストに以下のCSSを指定し、リストのデザインを変更してみましょう。

ul要素 ………… マーカーの種類：マーカーなし
display：flex （フレックスコンテナに変更）
アイテムの折り返し：折り返す
内部余白：0ピクセル

li要素 ………… 幅：150ピクセル
背景色：#FFCC66
内部余白：10ピクセル
外部余白：10ピクセル
影：右へ5ピクセル、下へ5ピクセルずらし、
　　10ピクセルぼかす、色は#666666
文字の太さ：太字

人口1億人以上の国（2018）

中国　インド　アメリカ合衆国　インドネシア　パキスタン　ブラジル　ナイジェリア　バングラディシュ　ロシア　日本　メキシコ　エチオピア　フィリピン

Step 26 ページレイアウトの作成－1

ステップ26では、これまでに解説してきたHTMLとCSSを使ってWebページ全体のレイアウトを作成する方法を紹介します。実際にWebページを作成するときの参考としてください。

26.1 ページ幅を固定してウィンドウ中央に表示する

まずは、ページ全体の幅を固定して、ウィンドウの中央に配置する方法を紹介します。このようなレイアウトを作成するときは、ページ全体を`<div>`～`</div>`で囲み、この中にページ内容を記述していきます。div要素のID名を "container" とした場合、`<body>`～`</body>`の構成は以下のようになります。

▼ sample26-1.html

```
       ⋮
28  <body>
29  <div id="container">      <!-- 全体を囲むdiv -->
30
31  ※ここにページの内容を記述
32
33  </div>                    <!-- 全体を囲むdiv -->
34  </body>
       ⋮
```

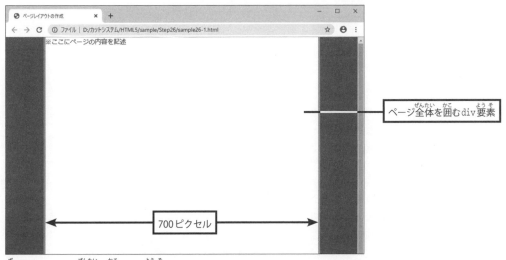

図26-1 ページ全体を囲むdiv要素

 ワンポイント

HTMLのコメント文

　前ページの記述にある「<!-- 全体を囲むdiv-->」は、HTMLの**コメント文**となります。HTMLでは、**<!--** と **-->** で囲まれた文字が無視される仕組みになっています。この仕組みを利用して各所にコメントを残しておくと、読みやすいHTMLを記述できます。

　「全体を囲むdiv要素」に幅（width）を指定し、「margin:0px auto;」でセンタリングを指定すると、ページ全体をウィンドウの左右中央に配置できます。今回の例ではページ全体の幅を700ピクセルに指定し、白色（#FFFFFF）の背景色と左右の枠線を指定しました。

　ただし、これらを指定しただけでは図26-1のような表示になりません。図26-1のように表示するには、「全体を囲むdiv要素」に適当な高さ（height）を指定しておく必要があります。

　また、Webブラウザによって余白のサイズが変化しないように、すべての要素の余白を初期化しておく必要もあります（10～13行目）。*{………}の記述は、「すべての要素」を対象にCSSを指定する方法です。この中に「margin:0px;」と「padding:0px;」を指定することで、すべての要素の余白を0ピクセルに初期化しています。さらに、body要素に適当な色の背景色を指定すると、図26-1のようなレイアウトを実現できます。

▼ sample26-1.html

```
     ⋮
 8  <style>
 9    /* ============= ページ全体の書式指定 ============= */
10    *{
11      margin: 0px;
12      padding: 0px;              全要素の余白を0ピクセルに初期化
13    }
14    body{
15      background-color: #666666;
16    }
17    #container{
18      width: 700px;
19      height: 1000px;    /* 一時的に指定 */         一時的に指定した高さ
                                                     （最終的には削除する）
20      margin: 0px auto;
21      background-color: #FFFFFF;        （上下）0ピクセル
22      border-left: 5px solid #FF9933;   （左右）センタリングを指定
23      border-right: 5px solid #FF9933;
24    }
25  </style>
     ⋮
```

ここまでの作業が済んだら、いちどWebブラウザで画面表示を確認してみてください。ウィンドウのサイズを変更しても、常に幅700ピクセルで左右中央にページ全体が表示されるのを確認できると思います。

CSSのコメント文

前ページの例にある「/* 一時的に指定 */」の記述は、CSSを読みやすくするための**コメント文**となります。CSSでは、/*と*/で囲まれた文字が無視される仕組みになっています。同じコメント文でも、HTMLとCSSで記述方法が異なることに注意してください。

26.2 レイアウトに用いる要素 <header>、<footer>、<nav>、<aside>

続いては、ページタイトルやナビゲーションメニューとなる領域を作成していきます。これらの領域は、**header、footer、nav、aside**といった要素で作成します。いずれも範囲を指定する要素で、基本的にはdiv要素と同じような働きをします。ただし、用途が限定されていることに注意してください。header、footer、nav、asideの各要素は、それぞれ以下の領域を作成するときに使用します。

<header> ～ </header> ················· ページのヘッダーとなる領域
（用途）タイトル、ロゴ、メニューを表示する領域など

<footer> ～ </footer> ················· ページのフッターとなる領域
（用途）著作権、連絡先を表示する領域など

<nav> ～ </nav> ································ ナビゲーションメニューとなる領域
（用途）主要ページへ移動するためのリンク部分など

<aside> ～ </aside> ················· メインコンテンツではない補足的な領域
（用途）サイドバー、広告表示用の領域など

今回は、図26-2のようなレイアウトでページを構成するので、header、footer、navの3つの要素を使用します。なお、メインコンテンツ用の要素は特に用意されていないので、div要素で作成します。

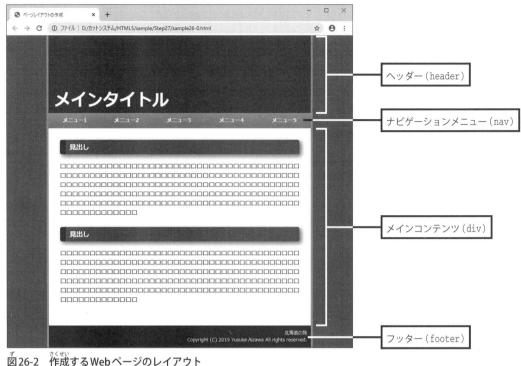

図26-2　作成するWebページのレイアウト

この場合、\<body\> 〜 \</body\> の構成は以下のようになります。

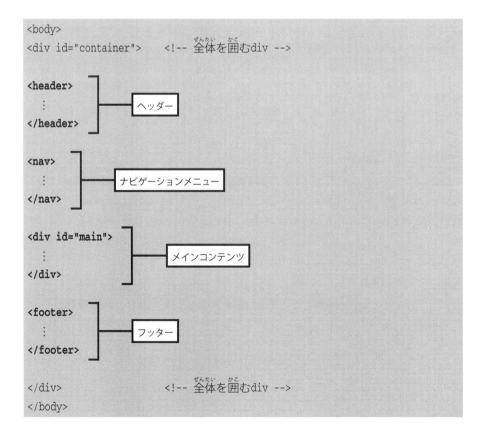

次は、Webページのタイトルとなる**ヘッダー**の領域を作成していきます。この領域の内容は**<header> 〜 </header>**の中に記述します。ヘッダーに表示する画像は、header要素の背景画像として配置するのが一般的です。なお、今回の例では、Webサイトのタイトル文字（サイト名）をdiv要素で記述しています。

図26-3 ヘッダー領域の作成

▼sample26-2.html

```
     :
43  <!-- ==================== ヘッダー ==================== -->
44  <header>
45    <div id="header-title">北海道の旅</div>        ──── タイトル文字（サイト名）
46  </header>
     :
```

これらの要素に対してCSSを指定すると、ヘッダーの領域が完成します。ヘッダーの背景画像は、「ページ全体の幅」と同じ幅で作成しておくのが基本です。さらに「背景画像の高さ」をheader要素に指定します。今回は700×200ピクセルの画像を用意しているので、header要素の高さ（height）にも200ピクセルを指定します。

タイトルの文字を配置する位置は、上下左右の内部余白で調整します。今回は、上から135ピクセル、左から15ピクセルの位置にタイトル文字を配置しました。

▼ sample26-2.html

```
       ⋮
26    /* ===============   ヘッダーの書式指定   =============== */
27    header{
28       height: 200px;                           背景画像と同じ高さを指定
29       background-image: url("title-back.jpg");  背景画像の指定
30    }
31    #header-title{
32       padding-top: 135px;        タイトル文字の配置場所を
33       padding-left: 15px;        内部余白で指定
34       color: #FFFFFF;
35       font: bold 44px sans-serif;
36    }
       ⋮
```

これでヘッダー領域を作成することができました。続いては、ナビゲーションメニュー、メインコンテンツ、フッターの領域を作成していきます。これについてはステップ27で詳しく解説します。

演習

（1）ステップ26の解説を参考に、ページ全体をウィンドウ中央に配置するdiv要素を記述し、Webページのヘッダーとなる領域を作成してみましょう。

※「ページ全体の幅」や「背景色」などは各自で自由に指定してください。
※ヘッダー領域の背景画像は各自で用意するか、もしくは図26-3と同じ画像を使用してください。この画像は以下のURLからダウンロードできます。
https://cutt.jp/books/978-4-87783-808-9/

Step 27 ページレイアウトの作成－2

ステップ26に引き続き、Webページ全体のレイアウトを作成する方法を紹介します。このステップでは、ナビゲーションメニュー、メインコンテンツ、フッターの領域を作成する方法を解説します。

27.1 ナビゲーションメニューの作成

続いては、主要なページへのリンクとなる**ナビゲーションメニュー**の領域を作成します。

図27-1 ナビゲーションメニューの領域の作成

この領域の内容は**<nav> ～ </nav>**の中に記述します。以下に、具体的な記述例を紹介しておくので参考にしてください。各ページへのリンクは、ul要素とli要素を使ってリストの形式で作成するのが一般的です（詳しくはP139 ～ 141参照）。

▼ sample27-1.html

```
  ⋮
67  <!-- ==================== メニュー ==================== -->
68  <nav>
69    <ul>
70      <li><a href="sights.html">北海道の名所</a></li>
71      <li><a href="event.html">イベント情報</a></li>
72      <li><a href="photo.html">北海道の写真</a></li>
73      <li><a href="link.html">リンク集</a></li>
74      <li><a href="contact.html">お問い合わせ</a></li>
75    </ul>
76  </nav>
  ⋮
```

リストでリンクを作成

これらの要素に対してCSSを指定することにより、ナビゲーションメニューのデザインを作成します。今回は例として、以下のようにCSSを指定しました。

▼sample27-1.html

```
     ⋮
38   /* ============== メニューの書式指定 ============== */
39   nav ul{
40     list-style-type: none;
41     display: flex;                              ← フレックスコンテナに変更
42     background-image: url("menu-back.png");     ← 背景画像の指定
43   }
44   nav a{
45     display: block;                             ← ブロックレベル要素に変更
46     width: 140px;
47     padding: 10px 0px;
48     text-align: center;
49     text-decoration: none;
50     color: #FFFFFF;
51     font: bold 14px/20px sans-serif;
52   }
53   nav a:hover{
54     background-color: #FF3300;                  ← マウスオーバー時の書式指定
55   }
     ⋮
```

　この例を見ると、**nav ul{………}** や**nav a{………}** などの記述があることに気付くと思います。この記述は「nav要素の中にあるul要素」にCSSを指定することを意味しています。
　このように**半角スペースで区切って条件を記述**すると、○○要素の中にある△△要素のように指定対象となる要素を限定することができます。クラス名を指定しなくても「特定の要素」だけにCSSを指定できるので、ぜひ使い方を覚えておいてください。

　以下に、それぞれのCSSの指定内容を簡単に解説しておきます。

■**nav要素内にあるul要素**　nav ul{………}
　リストのマーカーを「なし」に指定し、「**display:flex;**」でフレックスコンテナに変更しています。さらに、オレンジ色のグラデーション画像「menu-back.png」を背景画像として指定しています。

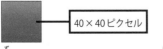 ← 40×40ピクセル

図27-2　ナビゲーションメニューの背景画像

150

なお、この指定をul{………}と記述してしまうと、他の領域にあるul要素（リスト）にも影響を与えてしまいます。よって、「nav要素内にあるul要素」という形でCSSを指定しています。

■nav要素内にあるa要素　nav a{………}

a要素をブロックレベル要素に変更し、幅に140ピクセルを指定しています。項目の数は全部で5個あるため、幅の合計は140×5＝700ピクセルになり、「ページ全体の幅」と一致します。

また、背景に「高さ40ピクセルの画像」を配置しているため、a要素も高さも40ピクセルになるように行間を調整しています（51行目）。47行目で（上下）10ピクセルの内部余白を指定しているので、行間に20ピクセルを指定すると、高さの合計は40ピクセルになります。

■nav要素内にあるa要素（マウスオーバー時）　nav a:hover{………}

マウスオーバー時の背景色に#FF3300を指定しています。

27.2　メインコンテンツの作成

メインコンテンツの領域は、**<div id="main"> ～ </div>**の中に作成します。このとき、#main{………}にpaddingプロパティを指定しておくと、周囲に適当な間隔の余白を設けることができます。また、最初はdiv要素の高さが十分でないため、heightプロパティで適当な高さを指定しておくと、作成したレイアウトのイメージを確認しやすくなります。なお、この時点で、#container{………}に指定したheightプロパティは削除しても構いません。

Webページに掲載する内容は<div id="main"> ～ </div>の中に記述します。必要に応じてh1、h2、pなどの要素にCSSを指定していくと、Webページを作成できます。ここでは、作成途中の例として、h1要素のデザインをCSSで指定した例を紹介しておきます。

▼ sample27-2.html

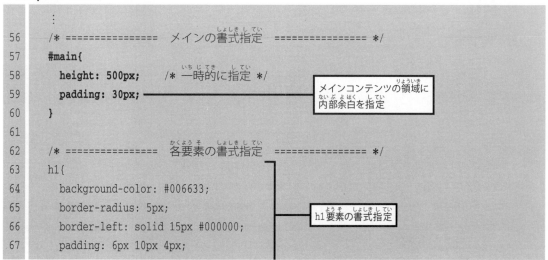

```
         :
56    /* =============== メインの書式指定 =============== */
57    #main{
58      height: 500px;       /* 一時的に指定 */
59      padding: 30px;                           ── メインコンテンツの領域に
60    }                                             内部余白を指定
61
62    /* =============== 各要素の書式指定 =============== */
63    h1{
64      background-color: #006633;
65      border-radius: 5px;
66      border-left: solid 15px #000000;          ── h1要素の書式指定
67      padding: 6px 10px 4px;
```

```
68        margin-bottom: 20px;
69        box-shadow: 5px 5px 10px #999999;
70        font: bold 18px sans-serif;
71        color: #FFFFFF;
72      }
         ⋮
95   <!-- ==================== メイン ==================== -->
96   <div id="main">
97       <h1>新着情報</h1>
98       ※ここにページの内容を記述
99   </div>
         ⋮
```

　上記のようにCSSを指定すると、h1要素を図27-3のようなデザインで表示できます。左端の黒い部分を「左の枠線」で指定していること以外は特に変わった点はありません。いずれもこれまでに解説しているプロパティなので、詳しい指定内容は各自で研究してみてください。

作成した
見出しのデザイン

図27-3　メインコンテンツの領域の作成

27.3　フッターの作成

　最後に、フッターの領域を **<footer>** ～ **</footer>** の中に作成します。この領域は、各ページの末尾に表示する内容として、著作権情報や関連ページへのリンクなどを記述するのが一般的です。記述すべき内容に決まりはないので、各自で自由に作成してみてください。次ページに、フッターの領域の作成例を紹介しておくので参考としてください。

▼sample27-3.html

```
        ⋮
74    /* =============== フッターの書式指定 =============== */
75    footer{
76      background-color: #000000;
77      padding: 10px;
78      font: 12px sans-serif;
79      text-align: right;
80      color: #FFFFFF;
81    }
        ⋮
110   <!-- =================== フッター =================== -->
111   <footer>
112     <p>北海道の旅</p>
113     <p>Copyright (C) 2019 Yusuke Aizawa All rights reserved.</p>
114   </footer>
        ⋮
```

図27-4　フッターの領域の作成

27.4　リンク先ページの作成

　以上で、ページ全体のレイアウトを作成することができました。ただし、このページだけではWebサイトの完成とはなりません。ナビゲーションメニューのリンク先ページについても、同様の手順でHTMLファイルを作成していく必要があります。

　これらのページを同じレイアウトで作成するときは、ここで作成したHTMLファイルをコピーして活用すると効率よく作業を進められます。具体的には、ヘッダー、ナビゲーションメニュー、フッターの領域をそのまま残しておき、`<div id="main">` ～ `</div>` の中だけを書き換えると、同じレイアウトで新しいページを作成できます。

■「北海道の名所」のページ　　　　　　　　■「リンク集」のページ

図27-5　同じレイアウトで作成したリンク先ページ

演 習

（1）ステップ26で作成したHTMLファイルに、ナビゲーションメニュー、メインコンテンツ、フッターの領域を追加してみましょう。さらに、「リンク先となるページ」を同じレイアウトで作成してみましょう。

※ステップ27の解説を参考に、各領域のデザインを自由に作成してください。
※メインコンテンツの内容は、空白またはダミー文字で構いません。
※このステップでナビゲーションメニューの背景に使用した画像は、以下のURLからダウンロードできます。

　https://cutt.jp/books/978-4-87783-808-9/

Step 28 CSSファイルの活用

続いては、HTMLとCSSのファイルを切り分けて管理する方法を解説します。Webサイトを効率よく作成するために欠かせないテクニックなので、その仕組みをよく理解しておいてください。

28.1 CSSファイルとは？

　これまでは、HTMLファイルの中にCSSを記述していました。しかし、実際にWebサイトを作成するときは、**HTMLファイルとCSSファイルを別々に作成する**のが基本です。CSSファイルは**CSSだけが記述されたファイル**となり、これをHTMLファイルから読み込むことにより各要素に書式を指定します。

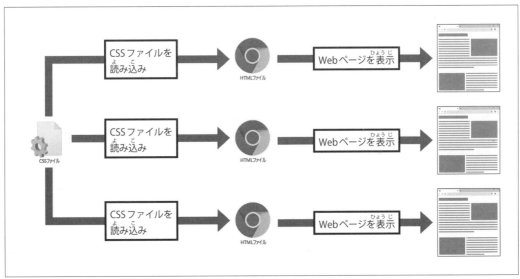

図28-1　CSSファイルを利用したホームページ

　これまでに解説してきた方法でもWebサイトを作成できますが、Webサイトの管理に相当の手間がかかります。たとえば、全部で20ページあるWebサイトを作成する場合、20個のHTMLファイルにCSSを記述しなければなりません。もしも途中でCSSを変更したくなった場合は、20個のHTMLファイルについて、それぞれCSSの記述を修正していく必要があります。これは大変な作業になるはずです。

　一方、CSSファイルを利用した場合は、CSSファイルを1つ作成するだけで複数のページに対応できます。また、CSSファイルの記述を変更するだけで、全ページの書式を変更することが可能となります。

このようにCSSファイルを利用すると、Webサイトを効率よく管理できるようになります。はじめのうちは「HTMLファイルに直接記述した方が簡単」と思うかもしれませんが、慣れてくればその便利さを実感できると思います。ぜひ挑戦してみてください。

28.2　CSSファイルの作成手順

　それでは、CSSファイルの作成手順を解説していきましょう。CSSファイルを作成する場合も「メモ帳」などの**テキストエディタ**を使用します。CSSの記述方法はこれまでと同じで、**<style>～</style>の中に記述していた内容**をそのままCSSファイルに記述します。このとき、<style>と</style>のタグをCSSファイルに記述する必要はありません。

　たとえば、h1要素に「幅：500ピクセル、背景色：#FF0000、文字色：#FFFFFF」の書式を指定し、p要素に「文字サイズ：18ピクセル」の書式を指定するときは、図28-2のようにCSSファイルを記述します。

```
*無題 - メモ帳                                    —   □   ×
ファイル(F)  編集(E)  書式(O)  表示(V)  ヘルプ(H)
h1{
  width: 500px;
  background-color: #FF0000;
  color: #FFFFFF;
}
p{
  font-size: 18px;
}
```

図28-2　CSSファイルの記述例

　CSSファイル内で日本語（全角文字）を使用するときは、**文字コード**の指定を行っておく必要もあります。「**UTF-8**」の文字コードで保存するときは、以下のように記述して文字コードを指定します。

```
@charset "utf-8";
```

　同様に、「**シフトJIS**」の文字コードで保存するときは、以下のように記述して文字コードを指定します。

```
@charset "shift_jis";
```

なお、文字コードの指定は、必ず**CSSファイルの先頭**に記述しなければいけません。

図28-3　CSSファイルにおける文字コードの指定

　あとは、CSSファイルとして保存するだけです。このとき、**拡張子**に「**.css**」を指定する必要があることに注意してください。「メモ帳」を使用している場合は、ファイルの種類に「すべてのファイル」を選択し、ファイル名の末尾に「.css」と入力します。続いて、文字コードを指定し、[保存] ボタンをクリックすると、CSSファイルを作成できます。

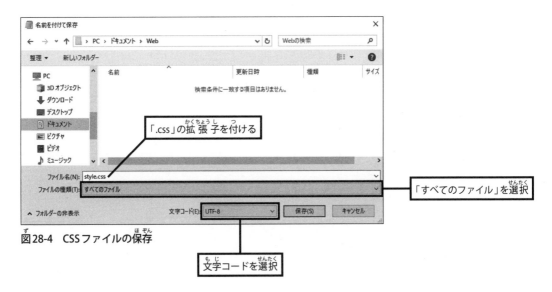

図28-4　CSSファイルの保存

　保存先のフォルダーを開くと、CSSファイルが作成されているのを確認できます。なお、CSSファイルのアイコン表示は、各自のパソコン環境により異なります。

図28-5　作成されたCSSファイル

28.3 CSSファイルの読み込み

　続いては、HTMLファイルからCSSファイルを読み込む方法を解説します。外部ファイルの読み込みには**link要素**を使用し、**rel属性**で「読み込むファイルの種類」を指定します。CSSファイルを読み込むときは**rel="stylesheet"**を指定し、**href属性**で読み込むファイル名（CSSファイル名）を指定します。

　たとえば、「style.css」という名前のCSSファイルを読み込むときは、以下のようにlink要素を記述します。

```
<head>
<meta charset="UTF-8">
<title>ページタイトル</title>
<link rel="stylesheet" href="style.css">━━━ 必ず<head> 〜 </head>の中に記述する
</head>
```

　上記のように記述すると、<style> 〜 </style>にCSSを記述しなくても、「CSSファイルの記述内容」で各要素の書式を指定できるようになります。

　なお、「HTMLファイル」と「CSSファイル」が別のフォルダーに保存されている場合は、**パス**を含めた形でファイル名を指定しなければなりません。この考え方は、img要素で別のフォルダーにある画像を掲載する場合と同じです。

 ワンポイント

CSSファイルのアップロード

　Webページをインターネットに公開するときは、HTMLファイルだけでなく、CSSファイルもWebサーバーにアップロードしておく必要があります。この作業を忘れるとCSSが正しく読み込まれないため、Webページの表示に不具合が生じます。注意してください。

28.4 CSSファイルと <style> 〜 </style> の併用

link要素でCSSファイルを読み込んだ場合も、<style> 〜 </style> でCSSを指定することが可能です。この場合は、「CSSファイルの記述内容」と「<style> 〜 </style> に記述した内容」の両方が各要素に適用されます。

この仕組みを利用して、Webサイト全体に共通するCSSは「CSSファイル」から読み込み、ページ内だけで使用するCSSを<style> 〜 </style> に記述する、といった使い方もできます。各ページの書式を効率よく指定する方法として、覚えておいてください。

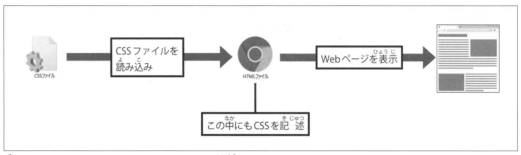

図28-6　CSSファイルと <style> 〜 </style> の併用

演 習

（1）ステップ27で作成したWebページ（トップページ）のHTMLとCSSを、それぞれ別のファイルに分けてみましょう。

　① <style> 〜 </style> の中に記述した内容でCSSファイルを作成します。
　② CSSファイルを作成できたら、HTMLファイルから<style> 〜 </style> の記述を削除します。
　③ HTMLファイルにlink要素を記述して「CSSファイル」を読み込みます。

　※ #main{……} に指定したheightプロパティは、状況に応じて削除します。

（2）リンク先のWebページでも<style> 〜 </style> の記述を削除し、CSSファイルを読み込む方法に変更してみましょう。

インラインフレームの作成

このステップでは、インラインフレームについて解説します。頻繁に使用する機能ではありませんが、便利に活用できる場合もあるので基本的な使い方を覚えておいてください。

29.1 インラインフレームの作成

インラインフレームは、ページ内に設置した中窓に「別のWebページ」を表示できる機能です。具体的な例を示しながら解説していきましょう。

インラインフレームを設置するときは**iframe要素**を使用し、インラインフレーム内に表示するページのHTMLファイル名を**src属性**で指定します。たとえば、「special.html」をインラインフレーム内に表示するときは、以下のようにiframe要素を記述します。<iframe> 〜 </iframe>の間には何も記述しませんが、終了タグが必要になることに注意してください。

```
<iframe src="special.html"></iframe>
```

もちろん、表示するHTMLファイルが別のフォルダーに保存されているときは、**パス**を含めた形でファイル名を指定する必要があります。以下は、本書のP126で紹介したsample23-2.htmlをインラインフレーム内に表示した例です。

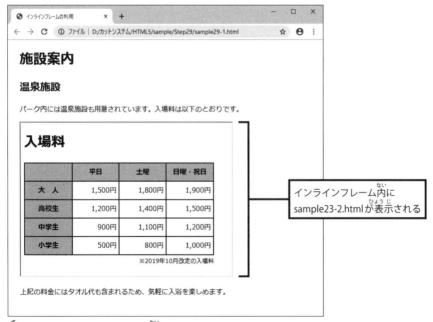

図29-1　インラインフレームの例

▼ sample29-1.html

```
      ⋮
 5  <head>
 6  <meta charset="UTF-8">
 7  <title>インラインフレームの利用</title>
 8  <style>
 9    body{
10      padding: 0px 20px;
11    }
12    iframe{
13      width: 500px;
14      height: 350px;
15    }
16  </style>
17  </head>
18
19  <body>
20  <h1>施設案内</h1>
21  <h2>温泉施設</h2>
22  <p>パーク内には温泉施設も用意されています。入場料は以下のとおりです。</p>
23  <iframe src="../Step23/sample23-2.html"></iframe>
24  <p>上記の料金にはタオル代も含まれるため、気軽に入浴を楽しめます。</p>
25  </body>
26
27  </html>
```

（12〜15行目の右に）インラインフレームのサイズ指定

（23行目の右に）インラインフレームの設置

　インラインフレームのサイズは、CSSのwidthとheightのプロパティで指定します。サイズを指定しなかった場合は、300×150ピクセルのインラインフレームが設置されます。

29.2 インラインフレームに指定できる属性

　iframe要素には、src属性のほかにも以下のような属性を指定できます。必要に応じて適切な属性を指定するようにしてください。

・width属性

インラインフレームの幅をピクセル数で指定します。たとえば「width="500"」と記述すると、インラインフレームの幅を500ピクセルに指定できます。

※sample29-1.htmlのように、CSSのwidthプロパティで幅を指定しても構いません。

・**height 属性**

インラインフレームの高さをピクセル数で指定します。たとえば「height="350"」と記述すると、インラインフレームの高さを350ピクセルに指定できます。
※ sample29-1.htmlのように、CSSのheightプロパティで高さを指定しても構いません。

・**name 属性**

インラインフレームの名前を半角英数字で指定します。この名前は、リンク先をインラインフレーム内に表示する場合などに利用します（詳しくはP163～164を参照）。

29.3　インラインフレーム内に外部サイトを表示

iframe要素のsrc属性にURLを指定し、他のWebサイトにあるページをインラインフレーム内に表示することも可能です。図29-2は、「東京国立近代美術館」のWebページ（https://www.momat.go.jp/）をインラインフレーム内に表示した例です。
　ただし、インラインフレーム表示を許可していないWebサイトもあることに注意しなければなりません。この場合、図29-3のようにエラーが表示されてしまいます。

図29-2　外部サイトの表示

図29-3　表示が許可されていない場合

インラインフレーム表示の許可／禁止は、実際にsrc属性にURLを指定してみて、試してみないと判断できません。

続いては、リンク先をインラインフレーム内に表示する方法を紹介します。この場合は、iframe要素に**name属性**で適当な名前を付け、リンクを作成するa要素の**target属性**に「iframe要素の名前」を指定します。すると、リンク先をインラインフレーム内に表示できるようになります。

以下は、リンク先をインラインフレーム内に表示した例です。このようにリンクを作成すると、インラインフレーム内の表示を切り替えられるページを作成できます。

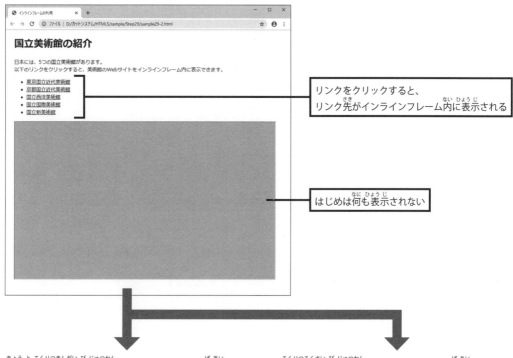

リンクをクリックすると、
リンク先がインラインフレーム内に表示される

はじめは何も表示されない

「京都国立近代美術館」をクリックした場合

「国立国際美術館」をクリックした場合

図29-4 リンク先をインラインフレーム内に表示

▼sample29-2.html

```
1    <!DOCTYPE html>
2
3    <html lang="ja">
4
5    <head>
6    <meta charset="UTF-8">
7    <title>インラインフレームの利用</title>
8    <style>
9      body{
10       padding: 0px 20px;
11     }
12     iframe{
13       width: 850px;
14       height: 500px;
15       background-color: #CCCCCC;
16     }
17   </style>
18   </head>
19
20   <body>
21   <h1>国立美術館の紹介</h1>
22   <p>日本には、5つの国立美術館があります。<br>以下のリンクをクリックすると、美術館のWeb
     サイトをインラインフレーム内に表示できます。</p>
23   <ul>
24     <li><a href="https://www.momat.go.jp/" target="f1">東京国立近代美術館</a></li>
25     <li><a href="https://www.momak.go.jp/" target="f1">京都国立近代美術館</a></li>
26     <li><a href="https://www.nmwa.go.jp/" target="f1">国立西洋美術館</a></li>
27     <li><a href="https://www.nmao.go.jp/" target="f1">国立国際美術館</a></li>
28     <li><a href="https://www.nact.jp/" target="f1">国立新美術館</a></li>
29   </ul>
30   <iframe name="f1"></iframe>
31   </body>
32
33   </html>
```

インラインフレームの
サイズと背景色を指定

name属性で名前を指定

　最初はインラインフレーム内を空白にしておくので、iframe要素にsrc属性を指定する必要
はありません。各リンクをクリックすると、そのWebサイトがインラインフレーム内に表示さ
れます。

（1）インラインフレームを使用して、以下のようなWebページを作成してみましょう。

※リンクのクリックによりインラインフレーム内の表示を切り替えます。

※最初はインラインフレーム内を空白にしておきます。

※ページ全体（body要素）の背景色に「黒色」、文字色に「白色」を指定します。

※リンク（a要素）の文字色に「赤色」を指定します。

※インラインフレームのサイズは、各自で自由に指定してください。

※リンク先のURLは、それぞれ以下のとおりです。

- 横浜中華街 ……………………… https://www.chinatown.or.jp/
- 神戸南京町 ……………………… https://www.nankinmachi.or.jp/
- 長崎新地中華街 ………………… http://www.nagasaki-chinatown.com/

◆漢字の読み
中華街、紹介、日本、有名、中華街、表示

Step 30 フォームの作成

Webページでアンケートなどを行うには、文字を入力したり、項目を選択したりできるフォームを作成する必要があります。ステップ30では、フォーム画面の作成方法について簡単に紹介しておきます。

30.1 フォームとは？

Webサイトを閲覧していると、アンケートを行っていたり、商品を販売していたりするページを見かけることがあります。こういったページには、文字を入力したり、項目を選択したりできる要素が配置されています。

このような画面のことを**フォーム**といいます。このステップでは、フォームをHTMLで作成する方法について解説します。

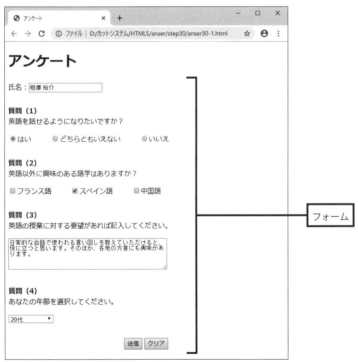

図30-1 フォーム画面の例（アンケート）

ただし、フォームを作成しただけでは、アンケートや商品販売などの機能を実現することはできません。フォームに入力された内容を処理するには、PHPなどのプログラミング言語が必要になります。将来、より高度なWeb開発を行う場合に備えて、ここではフォームの基本的な作成方法を学んでください。

30.2 ラベルによる関連付け　<label>

　それでは、HTMLでフォームを作成する方法について解説していきます。フォームを作成するときに、「ラベル」と「フォーム要素」の関連付けが必要になる場合もあります。このときに使用するのが**label**要素です。

　たとえば、図30-2に示したテキストボックスを作成するときは、「氏名」（ラベル）と「テキストボックス」（フォーム要素）を**<label>〜</label>**で囲んで記述することにより、「ラベル」と「フォーム要素」を関連付けます。

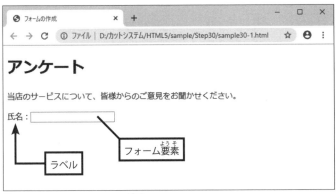

図30-2　ラベルとフォーム要素

```
<label>氏名：<input type="text" ………></label>
```

　まだテキストボックスの作成方法を解説していないため、少しわかりにくいかもしれません。ここでは、「それぞれの項目を<label>〜</label>で囲んで記述するのが基本」と覚えておいてください。

ワンポイント

for属性を使用した関連付け
　<label>〜</label>の中に「ラベル」と「フォーム要素」を記述するのが難しい場合は、**for属性**を使用して「ラベル」と「フォーム要素」を関連付けても構いません。この場合は、input要素などにID名を付け、このID名をlabel要素のfor属性に指定して両者を関連付けます。この方法で先ほどの例を記述すると、HTMLの記述は以下のようになります。

```
<label for="user_name">氏名：</label>
<input type="text" id="user_name" ………>
```

30.3 テキストボックスとテキストエリア <input>、<textarea>

　ここからは、フォーム要素を作成する方法を解説していきます。まずは**テキストボックス**を作成する方法を解説します。

　テキストボックスを作成するときは**input**要素を使用し、**type**属性に**"text"**を指定します。さらに、**name**属性でテキストボックスに好きな名前を付け、**size**属性でテキストボックスの長さを指定します。この属性の値には、テキストボックスの幅を「半角文字の文字数」で指定します。なお、input要素は空要素となるため、終了タグを記述しなくても構いません。

（記述例）

```
<input type="text" name="user_name" size="20">
```

　また、長い文章の入力に適した**テキストエリア**というフォーム要素も用意されています。こちらは**textarea**要素を使用して作成します。テキストエリアのサイズは、**cols**属性に文字数、**rows**属性に行数を記述して指定します。なお、textarea要素は終了タグが必要になるので、</textarea>の記述を忘れないようにしてください。

（記述例）

```
<textarea name="message" cols="40" rows="6"></textarea>
```

　以下に、テキストボックスとテキストエリアを使用したフォームの例を紹介しておきます。

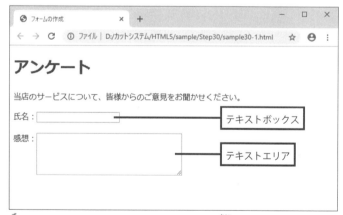

図30-3　テキストボックスとテキストエリアの例

▼**sample30-1.html**

```
 1  <!DOCTYPE html>
 2
 3  <html lang="ja">
 4
 5  <head>
 6  <meta charset="UTF-8">
 7  <title>フォームの作成</title>
 8  <style>
 9    .form_txt{
10      margin-bottom: 20px;          ┌─────────────────┐
                                       │ div要素の間隔を調整 │
                                       └─────────────────┘
11    }
12    textarea{
13      vertical-align: top;          ┌──────────────────────────────┐
                                       │「ラベル」と「テキストエリア」を上揃えで配置 │
                                       └──────────────────────────────┘
14    }
15  </style>
16  </head>
17
18  <body>                                          ┌──────────────────┐
                                                     │ テキストボックスの作成 │
                                                     └──────────────────┘
19  <h1>アンケート</h1>
20  <p>当店のサービスについて、皆様からのご意見をお聞かせください。</p>
21  <div class="form_txt">
22    <label>氏名：<input type="text" name="user_name" size="20"></label>
23  </div>
24  <div class="form_txt">
25    <label>感想：<textarea name="message" cols="40" rows="6"></textarea></label>
26  </div>                                          ┌──────────────────┐
27  </body>                                         │ テキストエリアの作成 │
                                                     └──────────────────┘
28
29  </html>
```

　この例では、それぞれの設問を<div class="form_txt">～</div>で囲んで記述しています。そして、このdiv要素に「下の外部余白」を指定することで、設問の間隔を調整しています（9～11行目）。

　また、初期設定のままでは「ラベル」と「テキストエリア」が下揃えで配置されてしまうため、これを「上揃え」に変更するCSSをtextarea要素に指定しています（12～14行目）。

30.4　チェックボックスとラジオボタン　<input>

続いては、**チェックボックス**や**ラジオボタン**を作成する方法を解説します。これらのフォーム要素を作成するときも**input要素**を使用します。

チェックボックスを作成するときは**type**属性に**"checkbox"**を指定します。さらに、**name**属性で好きな名前を付け、**value**属性に適切な値を指定します。

name属性の値は、チェックボックスのグループを識別するために使用します。value属性の値はチェック項目をPHPなどで処理するときに必要となるもので、Webページの表示に影響を与えることはありません。

（記述例）

```
<input type="checkbox" name="sub" value="eng">
```

同様の記述方法でラジオボタンを作成することも可能です。この場合は**type**属性に**"radio"**を指定します。

（記述例）

```
<input type="radio" name="year" value="2">
```

念のため、チェックボックスとラジオボタンの違いを説明しておきましょう。

- **チェックボックス** ………… グループ内の項目をいくつでも選択できる
- **ラジオボックス** ……………… グループ内の項目を1つだけ選択できる

以下に、チェックボックスとラジオボタンを使用したフォームの例を紹介しておきます。実際に作成するときの参考としてください。

図30-4　チェックボックスとラジオボタンの例

▼ sample30-2.html

```
1   <!DOCTYPE html>
2
3   <html lang="ja">
4
5   <head>
6   <meta charset="UTF-8">
7   <title>フォームの作成</title>
8   <style>
9     .form_chk{
10      margin-bottom: 45px;
11    }
12    .form_chk input{
13      margin-left: 40px;
14    }
15  </style>
16  </head>
17
18  <body>
19  <h1>アンケート</h1>
20  <div class="form_chk">
21    <p>（1）得意な教科を選択してください（複数回答可）</p>
22    <label><input type="checkbox" name="sub" value="jap">国語</label>
23    <label><input type="checkbox" name="sub" value="mat">数学</label>
24    <label><input type="checkbox" name="sub" value="eng">英語</label>
25    <label><input type="checkbox" name="sub" value="sci">理科</label>
26    <label><input type="checkbox" name="sub" value="soc">社会</label>
27  </div>
28  <div class="form_chk">
29    <p>（2）あなたの学年を選択してください</p>
30    <label><input type="radio" name="year" value="1">中学1年</label>
31    <label><input type="radio" name="year" value="2">中学2年</label>
32    <label><input type="radio" name="year" value="3">中学3年</label>
33  </div>
34  </body>
35
36  </html>
```

各項目の左側に間隔を設けるCSS

チェックボックスの作成

ラジオボタンの作成

　この例では各項目の左側に適当な間隔を設けるために、input要素に「左の外部余白」のCSS
を指定しています（12〜14行目）。このとき、単にinput{………}と記述してしまうと、他の
input要素（テキストボックスなど）にも影響を与えてしまいます。そこで、チェックボックス
やラジオボタンを囲むdiv要素に"form_chk"というクラス名を付け、「クラス名"form_chk"
の中にあるinput要素」を条件にしてCSSを指定しています。

30.5 セレクトメニュー <select>、<option>

続いては、一覧から項目を選択する**セレクトメニュー**の作成方法を解説します。このフォーム要素は**select要素**と**option要素**で作成します。

まずは**<select> ～ </select>**でセレクトメニューの範囲を囲み、**name属性**で好きな名前を付けておきます。この中に**<option> ～ </option>**で選択肢を指定していくと、図30-5のようなセレクトメニューを作成できます。なお、option要素にある**value属性**の値は、選択された項目をPHPなどで処理するときに必要となるデータです。

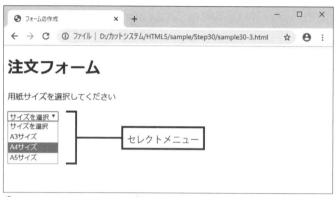

図30-5　セレクトメニューの例

▼ sample30-3.html

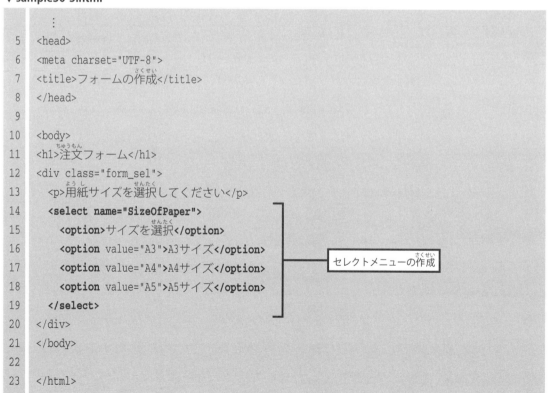

```
        ⋮
5   <head>
6   <meta charset="UTF-8">
7   <title>フォームの作成</title>
8   </head>
9
10  <body>
11  <h1>注文フォーム</h1>
12  <div class="form_sel">
13      <p>用紙サイズを選択してください</p>
14      <select name="SizeOfPaper">
15        <option>サイズを選択</option>
16        <option value="A3">A3サイズ</option>
17        <option value="A4">A4サイズ</option>
18        <option value="A5">A5サイズ</option>
19      </select>
20  </div>
21  </body>
22
23  </html>
```

30.6 ボタン　<input>、<button>

続いては、「送信」や「クリア」などの**ボタン**を作成する方法を解説します。これらのボタンも**input要素**で作成できます。

「送信」などのボタンを作成するときは、type属性に"submit"を指定します。一方、「クリア」などのボタンを作成するときは、type属性に"reset"を指定します。これら以外の汎用的なボタンを作成するときは、type属性に"button"を指定します。いずれの場合もボタン上に表示する文字はvalue属性で指定します。

```
<input type="submit" value="送信">
<input type="reset" value="クリア">
<input type="button" value="戻る">
```

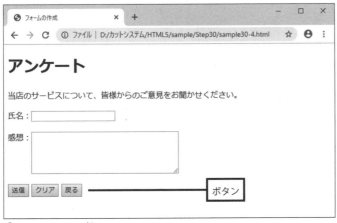

図30-6　ボタンの例

そのほか、**button要素**でボタンを作成する方法も用意されています。この場合は、**<button>～</button>**の中に「ボタンに表示する文字」を記述します。

```
<button type="submit">送信</button>
<button type="reset">クリア</button>
<button type="button">戻る</button>
```

なお、これらはWebページにボタンを表示するための記述でしかないため、ボタンをクリックしても何も処理は行われません。ボタンに何らかの機能を持たせるには、その機能を自分でプログラミングする必要があります。

30.7 フォーム領域の指定 ＜form＞

最後に、**form要素**について解説しておきます。実際にフォームを作成するときは、フォームの範囲全体を **＜form＞ ～ ＜/form＞** で囲んでおく必要があります。また、form要素に以下の属性を追加し、入力されたデータを処理するプログラムなどを指定しておく必要があります。

・**action属性**
フォームに入力されたデータを処理するプログラムを指定します。

・**method属性**
データの送信形式を "get" または "post" で指定します。

・**enctype属性**
送信時のデータ形式を指定します（method="post" の場合）。

たとえば、フォームに入力された内容を「data.php」というプログラムで処理し、"post" の形式でデータを送信する場合は、以下のようにform要素を記述します。

```
<form action="data.php" method="post">
  ⋮
（フォーム要素1）
（フォーム要素2）
（フォーム要素3）
  ⋮
</form>
```

とはいえ、「何を指定しているのかよく理解できない……」という方が大半を占めるでしょう。これを理解するには、PHPなどを使ってデータを処理する方法（プログラミング）を学習しなければなりません。少し上級者向けの話になるので、HTMLやCSSに十分に慣れてから次のステップへ進むとよいでしょう。

このほかにも、JavaScriptやJava、Rubyなど、Webに関連するプログラミング言語は沢山あります。気になる方は、HTMLとCSSをよく理解した後に、専門の書籍で学習を進めてみてください。

演習

（1）このステップの解説を参考に、以下のようなフォームを作成してみましょう。

※「送信」ボタンをクリックしても何も処理は行われません。

※ ここではフォーム画面を作成する演習を行います。

※ 全体を<form> ～ </form>で囲みますが、データ処理用のプログラムを用意しないため、action属性、method属性、enctype属性は指定しなくても構いません。

※ 同様に、チェックボックス、ラジオボタン、セレクトメニューのvalue属性も指定しなくて構いません。

※ 各フォーム要素のname属性は、各自で自由に指定してください。

※ 間隔などを調整する書式も、各自で自由に指定してください。

◆漢字の読み
氏名、質問、英語、話せる、以外、興味、語学、語、中国、授業、対する、要望、記入、年齢、選択、代、以上、送信

演習問題の解答

演習(1)

① スタートメニューを開き、「アプリの一覧」から「Windows アクセサリ」→「メモ帳」を選択して「メモ帳」を起動します。

② 図1-3のとおりに文章を入力します。

③ [ファイル]メニューから「名前を付けて保存」を選択します。

④ 「ファイルの種類」に「すべてのファイル」を指定します。

⑤ 適当なファイル名を付け、最後に「.html」の拡張子を追加します。

⑥ 「文字コード」に「UTF-8」を指定します。

⑦ 保存先フォルダーを指定し、[保存]ボタンをクリックします。

※ 「メモ帳」以外のテキストエディタを使用しても構いません。この場合は、テキストエディタのヘルプなどを参考に、拡張子や文字コードを指定してください。

演習(2)

① 演習(1)で保存したHTMLファイルをダブルクリックします。

② Webブラウザが起動し、図1-7のようにWebページが表示されることを確認します。

演習(3)

① 「メモ帳」を起動します。

② 演習(1)で保存したHTMLファイルを、「メモ帳」のウィンドウ内へドラッグ&ドロップします。

≪別解≫

① 演習(1)で保存したHTMLファイルを右クリックします。

② 右クリックメニューから「プログラムから開く」→「メモ帳」を選択します。

演習(4)

① 「メモ帳」で文章の一部を変更します。

② [ファイル]メニューから「上書き保存」を選択し、上書き保存を実行します。

③ HTMLファイルのアイコンをダブルクリックします。

※もしくはWebブラウザにある「再読み込み」をクリックします。

タグの基本と改行

演習（1）
① 「メモ帳」を起動し、sample02-1.htmlのとおりに記述します。
② 文字コードに「UTF-8」を指定し、拡張子「.html」でファイルを保存します。
③ 作成したHTMLファイルをダブルクリックし、Webブラウザで表示を確認します。

演習（2）
① 演習（1）で作成したHTMLファイルを「メモ帳」で開きます。
② sample02-2.htmlのように、DOCTYPE宣言とhtml、head、bodyの要素を追加します。
③ 「上書き保存」を実行し、ページタイトルが正しく表示されることをWebブラウザで確認します。

見出しと段落

演習（1）
以下のようにHTMLを変更します。

```
1    <!DOCTYPE html>
2
3    <html lang="ja">
4
5    <head>
6    <meta charset="UTF-8">
7    <title>スマートフォンの紹介</title>
8    </head>
9
10   <body>
11   <h1>スマートフォンとは？</h1>
12   スマートフォンは、携帯電話にパソコンと同じような機能を追加したモバイル端末です。
     以下に、スマートフォンの主な特徴を紹介しておきます。<br>
```

<h1>〜</h1>で囲み、

を2つ削除する

```
13    <br>
14    ・Web、SNS、メールなどを利用できる<br>
15    ・アプリケーションを自由に追加できる<br>
16    ・タッチパネルで操作できる
17    </body>
18
19    </html>
```

演習（2）
以下のようにHTMLを変更します。

```
1     <!DOCTYPE html>
2
3     <html lang="ja">
4
5     <head>
6     <meta charset="UTF-8">
7     <title>スマートフォンの紹介</title>
8     </head>
9
10    <body>
11    <h1>スマートフォンとは？</h1>
12    <p>スマートフォンは、携帯電話にパソコンと同じような機能を追加したモバイル端末です
      。以下に、スマートフォンの主な特徴を紹介しておきます。</p>
13    <hr>
14    ・Web、SNS、メールなどを利用できる<br>
15    ・アプリケーションを自由に追加できる<br>
16    ・タッチパネルで操作できる
17    <hr>
18    </body>
19
20    </html>
```

<p> 〜 </p> で囲み、

を2つ削除する

<hr>を挿入

<hr>を挿入

Step
04

文字の装飾

演習(1)

以下のようにHTMLを記述します。

```
 1  <!DOCTYPE html>
 2
 3  <html lang="ja">
 4
 5  <head>
 6  <meta charset="UTF-8">
 7  <title>TOEICの紹介</title>
 8  </head>
 9
10  <body>
11  <h1>TOEICの紹介</h1>
12  <hr>
13  <h2>TOEICとは？</h2>
14  <p>TOEICは、アメリカのテスト開発機関ETS<sup>（※1）</sup>によって開発・制作された
    、英語のコミュニケーション能力を測定する国際的なテストです。約160カ国で実施されて
    おり、日本では<b>年間260万人以上<sup>（※2）</sup>が受験するテスト</b>として広く
    認識されています。</p>
15  （※1）<i>Educational Testing Service</i><br>
16  （※2）2018年度の実績
17  <p>TOEICは、<mark>合否ではなくスコアで英語力を評価する</mark>仕組みになっており、
    各自の英語力を測定する一つの目安として活用されています。</p>
18  <hr>
19  </body>
20
21  </html>
```

画像の掲載

演習（1）

以下のようにHTMLを記述します。

```
 1   <!DOCTYPE html>
 2
 3   <html lang="ja">
 4
 5   <head>
 6   <meta charset="UTF-8">
 7   <title>楽園の島</title>
 8   </head>
 9
10   <body>
11   <h1>タヒチの風景</h1>
12   <p>南太平洋に浮かぶタヒチ（フランス領ポリネシア）は100以上もの島々で構成されてい
     ます。「南の島の楽園」と呼ぶにふさわしい、世界的にも有名な観光地です。</p>
13   <img src="tahiti01.jpg" alt="ボラボラ島の水上コテージ">
14   <p>ボラボラ島には、水上コテージのあるホテルが点在しています。</p>
15   </body>
16
17   </html>
```

画像の配置

リンクの作成－1

演習（1）

以下のようにHTMLを記述し、「anser06-1.html」という名前で保存します。

```
 1  <!DOCTYPE html>
 2
 3  <html lang="ja">
 4
 5  <head>
 6  <meta charset="UTF-8">
 7  <title>タヒチの水上コテージ</title>
 8  </head>
 9
10  <body>
11  <h1>ボラボラ島の水上コテージ</h1>
12  <p>タヒチのボラボラ島には、客室が海の上にあるリゾートホテルが沢山あります。床がガ
    ラス張りになっている部屋もあり、室内にいながら海を泳ぐ魚を鑑賞することができます
    。</p>
13  <img src="cottage-1.jpg" alt="水上コテージの写真">
14  <img src="cottage-2.jpg" alt="水上コテージの写真"><br>
15  <img src="cottage-3.jpg" alt="水上コテージの写真">
16  <img src="cottage-4.jpg" alt="水上コテージの写真">
17  <img src="cottage-5.jpg" alt="水上コテージの写真">
18  </body>
19
20  </html>
```

演習（2）

ステップ05の演習（1）で作成したHTMLを以下のように変更します。

```
 1  <!DOCTYPE html>
 2
 3  <html lang="ja">
 4
 5  <head>
 6  <meta charset="UTF-8">
```

```
7    <title>楽園の島</title>

8    </head>

9

10   <body>

11   <h1>タヒチの風景</h1>

12   <p>南太平洋に浮かぶタヒチ（フランス領ポリネシア）は100以上もの島々で構成されてい
     ます。「南の島の楽園」と呼ぶにふさわしい、世界的にも有名な観光地です。</p>

13   <img src="tahiti01.jpg" alt="ボラボラ島の水上コテージ">

14   <p>ボラボラ島には、水上コテージのあるホテルが点在しています。</p>

15   <a href="anser06-1.html">水上コテージの紹介</a><br>

16   <br>                                                                          リンクを追加

17   <a href="https://tahititourisme.jp/">タヒチ観光局のWebサイト</a>

18   </body>

19

20   </html>
```

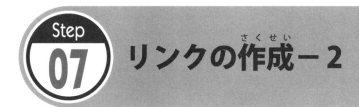

Step 07 リンクの作成－2

演習（1）

① 「cottage」という名前のフォルダーを作成します。

② 「anser06-1.html」と「cottage-1.jpg」～「cottage-5.jpg」を「cottage」フォルダーへ移動します。

③ 「anser06-2.html」のHTMLを以下のように変更します。

```
        ⋮
10   <body>

11   <h1>タヒチの風景</h1>

12   <p>南太平洋に浮かぶタヒチ（フランス領ポリネシア）は100以上もの島々で構成されてい
     ます。「南の島の楽園」と呼ぶにふさわしい、世界的にも有名な観光地です。</p>

13   <img src="tahiti01.jpg" alt="ボラボラ島の水上コテージ">

14   <p>ボラボラ島には、水上コテージのあるホテルが点在しています。</p>

15   <a href="cottage/anser06-1.html">水上コテージの紹介</a><br>          パスを追加

16   <br>

17   <a href="https://tahititourisme.jp/" target="_blank">タヒチ観光局のWebサイト</a>

18   </body>                           target属性を追加

19      ⋮
```

184

CSSの基本－1

演習（1）

以下のようにHTMLを記述します。

```
1   <!DOCTYPE html>
2
3   <html lang="ja">
4
5   <head>
6   <meta charset="UTF-8">
7   <title>オリンピックの歴史</title>
8   </head>
9
10  <body>
11  <h1>オリンピックの歴史</h1>
12  <h2>オリンピックの起源</h2>
13  <p>スポーツの祭典として知られているオリンピックは、古代ローマで行われていた「オリ
    ンピア祭典競技」が起源とされています。</p>
14  <p>その後、約1500年の時を経て、1896年に近代オリンピックの第1回大会がアテネで開催
    されました。この大会に参加した国はわずか14ヶ国しかなく、出場選手は241人しかいませ
    んでした。</p>
15  </body>
16
17  </html>
```

演習（2）

演習（1）で作成したHTMLに、以下のようにstyle属性を追加します。

```
     ：
10  <body>
11  <h1 style="color:green;">オリンピックの歴史</h1>
12  <h2 style="background-color:green;color:white;">オリンピックの起源</h2>
13  <p style="font-size:22px;">スポーツの祭典として知られているオリンピックは、古代ロ
    ーマで行われていた「オリンピア祭典競技」が起源とされています。</p>
14  <p>その後、約1500年の時を経て、1896年に近代オリンピックの第1回大会がアテネで開催
    されました。この大会に参加した国はわずか14ヶ国しかなく、出場選手は241人しかいませ
    んでした。</p>
     ：
```

Step 09 CSSの基本 – 2

演習（1）

ステップ08の演習（2）で作成したHTMLからstyle属性をすべて削除し、以下のようにCSSを指定します。

```
1    <!DOCTYPE html>
2
3    <html lang="ja">
4
5    <head>
6    <meta charset="UTF-8">
7    <title>オリンピックの歴史</title>
8    <style>
9      h1{
10       color: orange;
11     }
12     h2{
13       background-color: orange;
14       color: white;
15       padding: 5px;
16     }
17     p{
18       font-size: 18px;
19       line-height: 1.6;
20     }
21   </style>
22   </head>
23
24   <body>
25   <h1>オリンピックの歴史</h1>
26   <h2>オリンピックの起源</h2>
27   <p>スポーツの祭典として知られているオリンピックは、古代ローマで行われてい
     た「オリンピア祭典競技」が起源とされています。</p>
28   <p>その後、約1500年の時を経て、1896年に近代オリンピックの第1回大会がアテネ
     で開催されました。この大会に参加した国はわずか14ヶ国しかなく、出場選手は
     241人しかいませんでした。</p>
29   </body>
```

各要素のCSSを指定

style属性を削除

style属性を削除

```
30
31    </html>
```

演習(2)

以下のようにHTMLを変更します。

```
  ⋮
5    <head>
6    <meta charset="UTF-8">
7    <title>オリンピックの歴史</title>
8    <style>
9      h1{
10         color: orange;
11     }
12     h2{
13         background-color: orange;
14         color: white;
15         padding: 5px;
16     }
17     p{
18         font-size: 18px;
19         line-height: 1.6;
20     }
21     .red{
22         color: red;                      ┄┄┄ クラス名 "red" のCSSを指定
23     }
24    </style>
25    </head>
26
27    <body>
                                                        ┌─────────────────┐
                                                        │ class属性を追加 │
                                                        └─────────────────┘
28    <h1>オリンピックの歴史</h1>
29    <h2>オリンピックの起源</h2>
30    <p class="red">スポーツの祭典として知られているオリンピックは、古代ローマ
      で行われていた「オリンピア祭典競技」が起源とされています。</p>
31    <p>その後、約1500年の時を経て、1896年に近代オリンピックの第1回大会がアテネ
      で開催されました。この大会に参加した国はわずか14ヶ国しかなく、出場選手は
      241人しかいませんでした。</p>
32    </body>
33
34    </html>
```

文字書式のCSS−1

演習(1)

ステップ09の演習(2)で作成したHTMLをテキストエディタで開き、\<style\> 〜 \</style\> の中にあるCSSの記述を削除します。さらに、1番目のp要素にあるclass属性も削除します。その後、以下のようにCSSを指定します。

```
      ⋮
 5  <head>
 6  <meta charset="UTF-8">
 7  <title>オリンピックの歴史</title>
 8  <style>
 9    h1{
10      font-size: 36px;
11    }
12    h2{
13      font-size: 24px;
14      color: green;
15    }
16    p{
17      font-size: 18px;
18      font-family: serif;
19    }
20  </style>
21  </head>
22
23  <body>
24  <h1>オリンピックの歴史</h1>
25  <h2>オリンピックの起源</h2>
26  <p>スポーツの祭典として知られているオリンピックは、古代ローマで行われてい
    た「オリンピア祭典競技」が起源とされています。</p>
27  <p>その後、約1500年の時を経て、1896年に近代オリンピックの第1回大会がアテネ
    で開催されました。この大会に参加した国はわずか14ヶ国しかなく、出場選手は
    241人しかいませんでした。</p>
28  </body>
29
30  </html>
```

このようにCSSを指定

class属性を削除

文字書式のCSS − 2

演習（1）

ステップ10の演習（1）で作成したHTMLをテキストエディタで開き、以下のようにCSSを追加します。

```
        ⋮
5   <head>
6   <meta charset="UTF-8">
7   <title>オリンピックの歴史</title>
8   <style>
9     h1{
10      font-size: 36px;
11      text-align: center;        ──── CSSを追加
12    }
13    h2{
14      font-size: 24px;
15      color: green;
16    }
17    p{
18      font-size: 18px;
19      font-family: serif;
20      line-height: 1.5;          ──── CSSを追加
21    }
22  </style>
23  </head>
24
25  <body>
        ⋮
```

演習（2）

p要素のCSSを以下のように書き換えます。

```
        ⋮
17    p{
18      font: 18px/1.5 serif;
19    }
        ⋮
```

以下のように、`<p>` 〜 `</p>` で囲んで画像を配置します。また、この p 要素に text-align プロパティで「中央揃え」を指定します。

```
       ⋮
23  <body>
24  <h1>オリンピックの歴史</h1>
25  <p style="text-align:center;"><img src="olympic.jpg" alt="五輪のシンボル"></p>
26  <h2>オリンピックの起源</h2>
27  <p>スポーツの祭典として知られているオリンピックは、古代ローマで行われていた「オリ
    ンピア祭典競技」が起源とされています。</p>
       ⋮
```

Step 12 CSS の色指定

演習（1）

① 61 　　　② 1C 　　　③ 80 　　　④ CA

演習（2）

ステップ11の演習（3）で作成したHTMLをテキストエディタで開き、以下のようにCSSを追加します。

```
       ⋮
 9  h1{
10    font-size: 36px;
11    text-align: center;
12    color: #CC9933;  ─────  文字色の指定を追加
13  }
       ⋮
```

※ 赤：204 ＝（16×12）＋12 ‥‥‥‥（16進数では）**CC**
　 緑：153 ＝（16× 9）＋ 9 ‥‥‥‥（16進数では）**99**
　 青： 51 ＝（16× 3）＋ 3 ‥‥‥‥（16進数では）**33**

演習（3）

h2要素のCSSを変更し、好きな色を「RGBの16進数」で指定します。よくわからない場合は、巻末のカラーチャートを参考に色を指定してください。

（解答例）

```
     :
14   h2{
15     font-size: 24px;
16     color: #669933;  ─── 好きな色を「RGBの16進数」で指定
17   }
     :
```

Step 13 背景のCSS

演習（1）

ステップ12の演習（3）で作成したHTMLをテキストエディタで開き、以下のようにCSSを追加／変更します。

```
     :
 5   <head>
 6   <meta charset="UTF-8">
 7   <title>オリンピックの歴史</title>
 8   <style>
 9     body{
10       background-color: #003366;   ── body要素を追加し、背景色のCSSを指定
11     }
12   h1{
13     font-size: 36px;
14     text-align: center;
15     color: #FFFFFF;  ─── 文字色を変更
16   }
```

```
17    h2{
18       background-color: #336666;  ── 背景色の指定を追加
19       font-size: 24px;
20       color: #FFFFFF;  ── 文字色を変更
21    }
22    p{
23       font: bold 18px/1.5 serif;  ── 太字を追加
24       color: #FFFFFF;
25    }              ── 文字色の指定を追加
26  </style>
27  </head>
     ⋮
```

演習（2）

以下のようにCSSを変更します。

```
     ⋮
5   <head>
6   <meta charset="UTF-8">
7   <title>オリンピックの歴史</title>
8   <style>
9     body{
10       background-image: url("back.png");  ── 背景画像の指定に変更
11    }
12    h1{
13       font-size: 36px;
14       text-align: center;
15       color: #000000;  ── 文字色を変更
16    }
17    h2{
18       background-color: #336666;
19       font-size: 24px;
20       color: #FFFFFF;
21    }
22    p{
23       font: bold 18px/1.5 serif;
24       color: #000000;  ── 文字色を変更
25    }
26  </style>
27  </head>
     ⋮
```

192

Step 14 サイズと枠線のCSS

演習（1）

ステップ13の演習（2）で作成したHTMLをテキストエディタで開き、以下のように記述を変更します。

```
           ⋮
 8   <style>                          ← body要素のCSSを削除
 9     h1{                              （背景画像の削除）
10       font-size: 36px;
11       color: #000000;              ← 「中央揃え」の指定を削除
12     }
13     h2{
14       width: 500px;                ← 幅500ピクセルを指定
15       background-color: #336666;
16       font-size: 24px;
17       color: #FFFFFF;
18     }
19     p{
20       width: 500px;                ┐
21       text-align: justify;         ┘ 幅500ピクセル、両端揃えを指定
22       font: bold 18px/1.5 serif;
23       color: #000000;
24     }
25   </style>
26   </head>
27                                     画像を削除
28   <body>                            ※<p>〜</p>を削除
29   <h1>オリンピックの歴史</h1>
30   <h2>オリンピックの起源</h2>
31   <p>スポーツの祭典として知られているオリンピックは、古代ローマで行われていた「オリンピア祭典競技」が起源とされています。</p>
32   <p>その後、約1500年の時を経て、1896年に近代オリンピックの第1回大会がアテネで開催されました。この大会に参加した国はわずか14ヶ国しかなく、出場選手は241人しかいませんでした。</p>
33   </body>
34
35   </html>
```

演習（2）

h2 要素のCSSに以下の記述を追加します。

```
   ⋮
13   h2{
14     width: 500px;
15     background-color: #336666;
16     border: ridge 10px #669999;
17     font-size: 24px;
18     color: #FFFFFF;
19   }
   ⋮
```

枠線の指定

演習（1）

ステップ14の演習（2）で作成したHTMLをテキストエディタで開き、以下のようにCSSを指定しなおします。

```
 1   <!DOCTYPE html>
 2
 3   <html lang="ja">
 4
 5   <head>
 6   <meta charset="UTF-8">
 7   <title>オリンピックの歴史</title>
 8   <style>
 9     body{
10       background-color: #336633;
11       color: #FFFFFF;
12     }
13     h1{
14       font-size: 36px;
15       margin-bottom: 40px;
16     }
```

CSSを定義しなおす

```
17    h2{
18      width: 550px;
19      border: dashed 2px #FFFF66;
20      padding: 8px 10px 4px;
21      font-size: 24px;
22      color: #FFFF66;
23    }
24    p{
25      width: 550px;
26      text-align: justify;
27      font: bold 18px/1.8 sans-serif;
28    }
29  </style>
30  </head>
31
32  <body>
33  <h1>オリンピックの歴史</h1>
34  <h2>オリンピックの起源</h2>
        ⋮
```

演習（2）

h2要素のwidthプロパティの値を526pxに変更します。

```
      ⋮
17    h2{
18      width: 526px;          ────  値を変更
19      border: dashed 2px #FFFF66;
20      padding: 8px 10px 4px;
21      font-size: 24px;
22      color: #FFFF66;
23    }
      ⋮
```

（補足説明）

h2要素の「左右の内部余白」は10ピクセル、「枠線の太さ」は2ピクセルです。これらを550ピクセルから引き算した結果をwidthの値に指定しなおします。

$$550 -（10 \times 2）-（2 \times 2）= 526$$

Step 16

角丸、影、半透明のCSS

演習（1）

ステップ15の演習（2）で作成したHTMLをテキストエディタで開き、h2要素のCSSを以下のように変更します。

```
17    h2{
18        width: 530px;
19        background-color: #999900;
20        padding: 7px 10px 4px;
21        border-radius: 10px;
22        font-size: 20px;
23        color: #FFFFFF;
24    }
```

演習（2）

影を指定するbox-shadowプロパティを追加します。

```
17    h2{
18        width: 530px;
19        background-color: #999900;
20        padding: 7px 10px 4px;
21        border-radius: 10px;
22        box-shadow: 7px 7px 10px #003300;    ← 影の書式を追加
23        font-size: 20px;
24        color: #FFFFFF;
25    }
```

196

div要素とspan要素

演習（1）

ステップ16の演習（2）で作成したHTMLをテキストエディタで開き、以下の位置にdiv要素を
追加します。また、以下のようにCSSを指定しなおします。

```
1   <!DOCTYPE html>
2
3   <html lang="ja">
4
5   <head>
6   <meta charset="UTF-8">
7   <title>オリンピックの歴史</title>
8   <style>
9     h2{
10      border-bottom: dashed 2px #FFFFFF;
11      padding-bottom: 3px;
12    }
13    p{
14      text-align: justify;
15    }
16    .card{
17      width: 600px;
18      background-color: #003366;
19      padding: 5px 25px;
20      margin: 30px auto;
21      border-radius: 15px;
22      box-shadow: 7px 7px 10px #999999;
23      color: #FFFFFF;
24    }
25  </style>
26  </head>
27
28  <body>
29  <div class="card">
30    <h1>オリンピックの歴史</h1>
31  </div>
```

CSSを定義しなおす

div要素で囲む

```
32  <div class="card">
33     <h2>オリンピックの起源</h2>
34     <p>スポーツの祭典として知られているオリンピックは、古代ローマで
    行われていた「オリンピア祭典競技」が起源とされています。</p>
35     <p>その後、約1500年の時を経て、1896年に近代オリンピックの第1回大
    会がアテネで開催されました。この大会に参加した国はわずか14ヶ国しか
    なく、出場選手は241人しかいませんでした。</p>
36  </div>
37  </body>
38
39  </html>
```

div要素で囲む

演習(2)

以下のようにspan要素を追加し、クラス名"red"のCSSを定義します。

```
 8  <style>
       ⋮
25     .red{
26       color: #FF3333;
27     }
28  </style>
29  </head>
30
31  <body>
32  <div class="card">
33     <h1>オリンピックの歴史</h1>
34  </div>
35  <div class="card">
36     <h2>オリンピックの起源</h2>
37     <p>スポーツの祭典として知られているオリンピックは、古代ローマで行われていた「オ
    リンピア祭典競技」が起源とされています。</p>
38     <p>その後、約1500年の時を経て、<span class="red">1896年</span>に近代オリンピッ
    クの第1回大会がアテネで開催されました。この大会に参加した国はわずか<span class="r
    ed">14ヶ国</span>しかなく、出場選手は241人しかいませんでした。</p>
39  </div>
40  </body>
41
42  </html>
```

Step 18 回り込みのCSS

演習(1)

以下のようにHTMLとCSSを記述します。

```
1   <!DOCTYPE html>
2
3   <html lang="ja">
4
5   <head>
6   <meta charset="UTF-8">
7   <title>多摩川サイクリングロード</title>
8   <style>
9     body{
10      padding: 0px 15px;
11    }
12    h2{
13      border-bottom: solid 2px #006633;
14      margin: 0px;
15      color: #006633;
16    }
17    p{
18      margin-top: 10px;
19      text-align: justify;
20    }
21    img{
22      float: left;
23      margin-right: 20px;
24      margin-bottom: 40px;
25      box-shadow: 5px 5px 10px #999999;
26    }
27  </style>
28  </head>
29
30  <body>
31  <h1>多摩川サイクリングロード</h1>
32  <img src="tcr-01.jpg" alt="多摩川サイクリングロード">
33  <h2>サイクリングロードの概要</h2>
```

```
34    <p>多摩川サイクリングロードは自転車と歩行者のための専用道路で、その全長は約60kmも
      あります。もちろん、自動車は通行できません。</p>
35    <br style="clear:both;">
36    <img src="tcr-02.jpg" alt="ベンチ">
37    <h2>休憩所など</h2>
38    <p>途中で休憩できるように、サイクリングロードの各所にベンチなどが設置されています
      。</p>
39    </body>
40
41    </html>
```

回り込みの解除

Step 19 フレックスボックスを使った配置

演習（1）

以下のようにHTMLとCSSを記述します。

```
1     <!DOCTYPE html>
2
3     <html lang="ja">
4
5     <head>
6     <meta charset="UTF-8">
7     <title>フレックスボックスの活用</title>
8     <style>
9       .f-container{
10        display: flex;
11      }
12      .f-item{
13        width: 60px;
14        background-color: #007733;
15        border: outset 6px #007733;
16        margin: 5px;
17        padding: 5px;
18        text-align: center;
```

```
19        font-size: 18px;
20        color: #FFFFFF;
21      }
22    </style>
23    </head>
24
25    <body>
26    <h1>会場一覧</h1>
27    <div class="f-container">
28      <p class="f-item">札幌</p>
29      <p class="f-item">仙台</p>
30      <p class="f-item">東京</p>
31      <p class="f-item">名古屋</p>
32      <p class="f-item">大阪</p>
33      <p class="f-item">広島</p>
34      <p class="f-item">福岡</p>
35    </div>
36    </body>
37
38    </html>
```

演習（2）

クラス名 "f-container" に以下のCSSを追加します。

```
        ⋮
9    .f-container{
10     display: flex;
11     width: 400px;
12     flex-wrap: wrap;
13     background-color: #CCCCCC;
14   }
        ⋮
```

CSSを追加

リンクのCSS

演習(1)
以下のようにHTMLとCSSを記述します。

```
1   <!DOCTYPE html>
2
3   <html lang="ja">
4
5   <head>
6   <meta charset="UTF-8">
7   <title>リンクの書式指定</title>
8   <style>
9     p{
10      line-height: 40px;
11    }
12    a{
13      background-color: #669966;
14      border-radius: 7px;
15      padding: 5px 10px 3px;
16      color: #FFFFFF;
17      text-decoration: none;
18    }
19    a:visited{
20      background-color: #99CC99;
21    }
22    a:hover{
23      background-color: #FF3333;
24    }
25  </style>
26  </head>
27
28  <body>
29  <h1>国立美術館のリンク</h1>
30  <p><a href="https://www.momat.go.jp/">東京国立近代美術館</a></p>
31  <p><a href="https://www.momak.go.jp/">京都国立近代美術館</a></p>
32  <p><a href="https://www.nmwa.go.jp/">国立西洋美術館</a></p>
33  <p><a href="https://www.nmao.go.jp/">国立国際美術館</a></p>
34  <p><a href="https://www.nact.jp/">国立新美術館</a></p>
```

「訪問済みのリンク」の書式指定

「マウスオーバー時のリンク」の書式指定

202

```
35   </body>
36
37   </html>
```

Step 21 CSSのまとめ

演習（1）

ステップ18の演習（1）で作成したHTMLをテキストエディタで開き、演習問題に示したレイアウトになるようにHTMLとCSSを変更します。

```
1    <!DOCTYPE html>
2
3    <html lang="ja">
4
5    <head>
6    <meta charset="UTF-8">
7    <title>多摩川サイクリングロード</title>
8    <style>
9      body{
10       padding: 0px 15px;          ← ページ全体の内部余白
11     }
12     h1{
13       font-size: 40px;
14       color: #006633;
15     }
16     h2{
17       width: 550px;
18       background-color:#006633;
19       padding: 6px 10px 1px;
20       margin-bottom: 0px;         ← 「下の外部余白」を0にして、
21       font-size: 20px;               div要素に密着させる
22       color: #FFFFFF;
23     }
```

```
24    img{
25       float: left;
26       margin-right: 20px;
27       box-shadow: 5px 5px 10px #999999;
28    }
29    p{
30       margin-top: 0px;
31       text-align: justify;
32    }
33    .box{
34       width: 526px;
35       border: solid 2px #006633;
36       padding: 20px;
37       margin-bottom: 40px;
38    }
39  </style>
40  </head>
41
42  <body>
43  <h1>多摩川サイクリングロード</h1>
44
45  <h2>サイクリングロードの概要</h2>
46  <div class="box">
47     <img src="tcr-01.jpg" alt="多摩川サイクリングロード">
48     <p>多摩川サイクリングロードは自転車と歩行者のための専用道路で、その全長は約60km
    もあります。もちろん、自動車は通行できません。</p>
49     <br style="clear:both;">
50  </div>
51
52  <h2>休憩所など</h2>
53  <div class="box">
54     <img src="tcr-02.jpg" alt="ベンチ">
55     <p>途中で休憩できるように、サイクリングロードの各所にベンチなどが設置されていま
    す。</p>
56     <br style="clear:both;">
57  </div>
58
59  </body>
60
61  </html>
```

- 30行目注釈：「上の外部余白」を0にして、文字と画像の上端を揃える
- 35行目注釈：div要素に枠線を指定
- 37行目注釈：次の要素との間隔を指定
- 46行目注釈：div要素で囲む
- 49行目注釈：回り込みの解除

（補足説明）
　この解答例では、画像（img要素）と段落（p要素）を\<div\>～\</div\>でグループ化し、この
div要素に枠線を指定することで全体を枠線で囲っています。さらに、h2要素とdiv要素の間
隔を0にし、h2要素に同じ色の背景色を指定することで、演習問題に示したようなレイアウト
を実現しています。

　このとき、h2要素とdiv要素の幅が揃うようにwidthの値を調整する必要があります。この
例では、以下のような計算でdiv要素のwidthの値を調整しています。

h2要素全体の幅 ‥‥‥‥‥‥‥‥‥ 550＋（10＋10）＝570
　　　　　　　　　　　　　　　※width＋（左右の内部余白）

div要素のwidthの値 ‥‥‥‥‥‥ 570－（20＋20）－（2＋2）＝526
　　　　　　　　　　　　　　　※570－（左右の内部余白）－（左右の枠線の太さ）

　なお、幅や余白の大きさ、色などは、この解答例と異なる値でも構いません。ひとつの例とし
て参考にしてください。

Step
22

表の作成

演習（1）
以下のようにHTMLとCSSを記述します。

```
1   <!DOCTYPE html>
2
3   <html lang="ja">
4
5   <head>
6   <meta charset="UTF-8">
7   <title>表の作成</title>
8   <style>
9     table{
10      border-collapse: collapse;          ← セルとセルの間隔を「なし」に指定
11    }
```

```
12   td{
13     border: solid 2px #666666;        ← 枠線を指定
14   }
15   th{
16     border: solid 2px #666666;        ← 枠線を指定
17   }
18   </style>
19   </head>
20
21   <body>
22   <h1>商品情報</h1>
23   <table>
24     <tr><th>サイズ</th><th>内容量</th><th>価格</th></tr>
25     <tr><th>通常サイズ</th><td>500g</td><td>480円</td></tr>
26     <tr><th>大サイズ</th><td>800g</td><td>720円</td></tr>
27     <tr><th>特大サイズ</th><td>1,200g</td><td>1,000円</td></tr>
28   </table>
29   </body>
30
31   </html>
```

演習(2)

以下の位置にcaption要素を追加します。

```
     ⋮
22   <h1>商品情報</h1>
23   <table>
24     <caption>内容量と価格の一覧</caption>        ← ここにキャプションを追加
25     <tr><th>サイズ</th><th>内容量</th><th>価格</th></tr>
26     <tr><th>通常サイズ</th><td>500g</td><td>480円</td></tr>
27     <tr><th>大サイズ</th><td>800g</td><td>720円</td></tr>
28     <tr><th>特大サイズ</th><td>1,200g</td><td>1,000円</td></tr>
29   </table>
     ⋮
```

Step 23 表のCSS指定

演習(1)
ステップ22の演習（2）で作成したHTMLをテキストエディタで開き、以下のようにCSSを指定しなおします。

```
     ⋮
 8  <style>
 9    table{
10      border-collapse: collapse;
11    }
12    caption{
13      font-size: 18px;
14      font-weight: bold;
15      text-align: left;
16    }
17    th,td{
18      width: 120px;
19      height: 30px;
20      border: solid 2px #000000;
21      padding: 10px;
22    }
23    th{
24      background-color: #336633;
25      color: #FFFFFF;
26    }
27    td{
28      font-size: 18px;
29      text-align: right;
30    }
31  </style>
     ⋮
```

th要素とtd要素に共通するCSS

グループ化とセルの結合

演習（1）

以下のように HTML と CSS を記述します。

```
1   <!DOCTYPE html>
2
3   <html lang="ja">
4
5   <head>
6   <meta charset="UTF-8">
7   <title>競泳の世界記録</title>
8   <style>
9     table{
10      border-collapse: collapse;
11    }
12    caption{
13      caption-side: bottom;
14      text-align: right;
15    }
16    th,td{
17      width: 100px;
18      border: solid 2px #333333;
19      padding: 10px;
20    }
21    td{
22      text-align: right;
23    }
24    thead{
25      background-color: #3399CC;
26      color: #FFFFFF;
27    }
28  </style>
29  </head>
30
31  <body>
32  <h1>競泳の世界記録</h1>
33  <table>
34    <caption>※2019/11/22時点の世界記録</caption>
```

35	`<thead>`
36	`    <tr><th>種目</th><th>距離</th><th>性別</th><th>記録</th></tr>`
37	`</thead>`
38	`<tbody>`
39	`    <tr><th>自由形</th><th>100m</th><th>男子</th><td>46秒91</td></tr>`
40	`    <tr><th>自由形</th><th>100m</th><th>女子</th><td>51秒71</td></tr>`
41	`    <tr><th>自由形</th><th>200m</th><th>男子</th><td>1分42秒00</td></tr>`
42	`    <tr><th>自由形</th><th>200m</th><th>女子</th><td>1分52秒98</td></tr>`
43	`    <tr><th>背泳ぎ</th><th>100m</th><th>男子</th><td>51秒85</td></tr>`
44	`    <tr><th>背泳ぎ</th><th>100m</th><th>女子</th><td>57秒57</td></tr>`
45	`    <tr><th>背泳ぎ</th><th>200m</th><th>男子</th><td>1分51秒92</td></tr>`
46	`    <tr><th>背泳ぎ</th><th>200m</th><th>女子</th><td>2分03秒35</td></tr>`
47	`</tbody>`
48	`</table>`
49	`</body>`
50	
51	`</html>`

演習（2）

以下のようにrowspan属性を追加し、セルの結合により不要になった `<th>` ～ `</th>` を削除します。

	:
33	`<table>`
34	`    <caption>※2019/11/22時点の世界記録</caption>`
35	`    <thead>`
36	`        <tr><th>種目</th><th>距離</th><th>性別</th><th>記録</th></tr>`
37	`    </thead>`
38	`    <tbody>`
39	`        <tr><th rowspan="4">自由形</th><th rowspan="2">100m</th><th>男子</th><td>46秒91</td></tr>`
40	`        <tr><th>女子</th><td>51秒71</td></tr>`
41	`        <tr><th rowspan="2">200m</th><th>男子</th><td>1分42秒00</td></tr>`
42	`        <tr><th>女子</th><td>1分52秒98</td></tr>`
43	`        <tr><th rowspan="4">背泳ぎ</th><th rowspan="2">100m</th><th>男子</th><td>51秒85</td></tr>`
44	`        <tr><th>女子</th><td>57秒57</td></tr>`
45	`        <tr><th rowspan="2">200m</th><th>男子</th><td>1分51秒92</td></tr>`
46	`        <tr><th>女子</th><td>2分03秒35</td></tr>`
47	`    </tbody>`
48	`</table>`
	:

リストの作成と活用

演習（1）
以下のように HTML を記述します。

```
1   <!DOCTYPE html>
2
3   <html lang="ja">
4
5   <head>
6   <meta charset="UTF-8">
7   <title>人口1億人以上の国 (2018) </title>
8   </head>
9
10  <body>
11  <h1>人口1億人以上の国 (2018) </h1>
12  <ul>
13      <li>中国</li>
14      <li>インド</li>
15      <li>アメリカ合衆国</li>
16      <li>インドネシア</li>
17      <li>パキスタン</li>
18      <li>ブラジル</li>
19      <li>ナイジェリア</li>
20      <li>バングラディシュ</li>
21      <li>ロシア</li>
22      <li>日本</li>
23      <li>メキシコ</li>
24      <li>エチオピア</li>
25      <li>フィリピン</li>
26  </ul>
27  </body>
28
29  </html>
```

リストの作成

以下のようにCSSを指定します。

```
         ⋮
5   <head>
6   <meta charset="UTF-8">
7   <title>人口1億人以上の国 (2018) </title>
8   <style>
9     ul{
10      list-style-type: none;
11      display: flex;
12      flex-wrap: wrap;
13      padding: 0px;
14    }
15    li{
16      width: 150px;
17      background-color: #FFCC66;
18      padding: 10px;
19      margin: 10px;
20      box-shadow: 5px 5px 10px #666666;
21      font-weight: bold;
22    }
23  </style>
24  </head>
         ⋮
```

CSSを追加

Step 26 ページレイアウトの作成－1

演習(1)
ステップ26の解説を参考にHTMLファイルを自由に作成します。以下に、本書で紹介したサンプルのHTMLファイルを解答例として掲載しておきます。

```
1   <!DOCTYPE html>
2
3   <html lang="ja">
4
```

```
 5   <head>
 6   <meta charset="UTF-8">
 7   <title>ページレイアウトの作成</title>
 8   <style>
 9     /* ============== ページ全体の書式指定 ============== */
10     *{
11       margin: 0px;
12       padding: 0px;
13     }
14     body{
15       background-color: #666666;
16     }
17     #container{
18       width: 700px;
19       height: 1000px;    /* 一時的に指定 */
20       margin: 0px auto;
21       background-color: #FFFFFF;
22       border-left: 5px solid #FF9933;
23       border-right: 5px solid #FF9933;
24     }
25
26     /* ============== ヘッダーの書式指定 ============== */
27     header{
28       height: 200px;
29       background-image: url("title-back.jpg");
30     }
31     #header-title{
32       padding-top: 135px;
33       padding-left: 15px;
34       color: #FFFFFF;
35       font: bold 44px sans-serif;
36     }
37   </style>
38   </head>
39
40   <body>
41   <div id="container">    <!-- 全体を囲むdiv -->
42
43   <!-- ================== ヘッダー ================== -->
44   <header>
45     <div id="header-title">北海道の旅</div>
46   </header>
47
48   </div>                    <!-- 全体を囲むdiv -->
```

```
49    </body>
50
51    </html>
```

 **Step 27　ページレイアウトの作成－2**

演習（1）
ステップ27の解説を参考にHTMLファイルを自由に作成します。以下に、本書で紹介したサンプルのHTMLファイルを解答例として掲載しておきます。

```
1     <!DOCTYPE html>
2
3     <html lang="ja">
4
5     <head>
6     <meta charset="UTF-8">
7     <title>ページレイアウトの作成</title>
8     <style>
9       /* ==============  ページ全体の書式指定  ============== */
10      *{
11        margin: 0px;
12        padding: 0px;
13      }
14      body{
15        background-color: #666666;
16      }
17      #container{
18        width: 700px;
19        margin: 0px auto;
20        background-color: #FFFFFF;
21        border-left: 5px solid #FF9933;
22        border-right: 5px solid #FF9933;
23      }
24
```

```
25   /* =============== ヘッダーの書式指定　=============== */
26   header{
27     height: 200px;
28     background-image: url("title-back.jpg");
29   }
30   #header-title{
31     padding-top: 135px;
32     padding-left: 15px;
33     color: #FFFFFF;
34     font: bold 44px sans-serif;
35   }
36
37   /* =============== メニューの書式指定　=============== */
38   nav ul{
39     list-style-type: none;
40     display: flex;
41     background-image: url("menu-back.png");
42   }
43   nav a{
44     display: block;
45     width: 140px;
46     padding: 10px 0px;
47     text-align: center;
48     text-decoration: none;
49     color: #FFFFFF;
50     font: bold 14px/20px sans-serif;
51   }
52   nav a:hover{
53     background-color: #FF3300;
54   }
55
56   /* =============== メインの書式指定　=============== */
57   #main{
58     height: 500px;      /* 一時的に指定 */
59     padding: 30px;
60   }
61
62   /* =============== 各要素の書式指定　=============== */
63   h1{
64     background-color: #006633;
65     border-radius: 5px;
66     border-left: solid 15px #000000;
67     padding: 6px 10px 4px;
```

```
68        margin-bottom: 20px;
69        box-shadow: 5px 5px 10px #999999;
70        font: bold 18px sans-serif;
71        color: #FFFFFF;
72      }
73
74      /* ============== フッターの書式指定 ============== */
75      footer{
76        background-color: #000000;
77        padding: 10px;
78        font: 12px sans-serif;
79        text-align: right;
80        color: #FFFFFF;
81      }
82   </style>
83   </head>
84
85   <body>
86   <div id="container">     <!-- 全体を囲むdiv -->
87
88   <!-- ==================== ヘッダー ==================== -->
89   <header>
90     <div id="header-title">北海道の旅</div>
91   </header>
92
93   <!-- ==================== メニュー ==================== -->
94   <nav>
95     <ul>
96       <li><a href="sights.html">北海道の名所</a></li>
97       <li><a href="event.html">イベント情報</a></li>
98       <li><a href="photo.html">北海道の写真</a></li>
99       <li><a href="link.html">リンク集</a></li>
100      <li><a href="contact.html">お問い合わせ</a></li>
101    </ul>
102  </nav>
103
104  <!-- ==================== メイン ==================== -->
105  <div id="main">
106    <h1>新着情報</h1>
107    ※ここにページの内容を記述
108  </div>
109
```

```
110    <!-- ==================== フッター ==================== -->
111    <footer>
112      <p>北海道の旅</p>
113      <p>Copyright (C) 2019 Yusuke Aizawa All rights reserved.</p>
114    </footer>
115
116    </div>                    <!-- 全体を囲むdiv -->
117    </body>
118
119    </html>
```

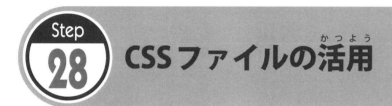

Step 28 CSSファイルの活用

演習（1）

ステップ27で作成したHTMLファイルをもとにCSSファイルを作成します。以下に解答例を示しておくので参考としてください。なお、この時点で#main{………}に指定したheightプロパティは削除してあります。

▼ style.css

```
1    @charset "utf-8";  ——————  文字コードの指定
2
3    /* ============= ページ全体の書式指定 ============= */
4    *{
5        margin: 0px;
6        padding: 0px;
7    }
8    body{
9        background-color: #666666;
10   }
11   #container{
12       width: 700px;
13       margin: 0px auto;
```

```
14        background-color: #FFFFFF;
15        border-left: 5px solid #FF9933;
16        border-right: 5px solid #FF9933;
17    }
18
19    /* =============== ヘッダーの書式指定  =============== */
20    header{
21        height: 200px;
22        background-image: url("title-back.jpg");
23    }
24    #header-title{
25        padding-top: 135px;
26        padding-left: 15px;
27        color: #FFFFFF;
28        font: bold 44px sans-serif;
29    }
30
31    /* =============== メニューの書式指定  =============== */
32    nav ul{
33        list-style-type: none;
34        display: flex;
35        background-image: url("menu-back.png");
36    }
37    nav a{
38        display: block;
39        width: 140px;
40        padding: 10px 0px;
41        text-align: center;
42        text-decoration: none;
43        color: #FFFFFF;
44        font: bold 14px/20px sans-serif;
45    }
46    nav a:hover{
47        background-color: #FF3300;
48    }
49
50    /* ================ メインの書式指定  ================ */
51    #main{                    ←————————[ heightプロパティを削除 ]
52        padding: 30px;
53    }
54
```

```
55    /* =============== 各要素の書式指定  =============== */
56    h1{
57        background-color: #006633;
58        border-radius: 5px;
59        border-left: solid 15px #000000;
60        padding: 6px 10px 4px;
61        margin-bottom: 20px;
62        box-shadow: 5px 5px 10px #999999;
63        font: bold 18px sans-serif;
64        color: #FFFFFF;
65    }
66
67    /* ============== フッターの書式指定  ============== */
68    footer{
69        background-color: #000000;
70        padding: 10px;
71        font: 12px sans-serif;
72        text-align: right;
73        color: #FFFFFF;
74    }
```

続いて、HTMLファイルから`<style>`〜`</style>`の記述を削除し、`link`要素でCSSファイルを読み込みます。

▼anser28-1.html

```
1     <!DOCTYPE html>
2
3     <html lang="ja">
4
5     <head>
6     <meta charset="UTF-8">
7     <title>ページレイアウトの作成</title>
8     <link rel="stylesheet" href="style.css">
9     </head>
10
11    <body>
12    <div id="container">    <!-- 全体を囲むdiv -->
13
14    <!-- ==================== ヘッダー ==================== -->
15    <header>
16      <div id="header-title">北海道の旅</div>
17    </header>
```

> `<style>`〜`</style>`を削除し、
> link要素で「style.css」を読み込む

```
18
19   <!-- ==================== メニュー ==================== -->
20   <nav>
21     <ul>
22       <li><a href="sights.html">北海道の名所</a></li>
23       <li><a href="event.html">イベント情報</a></li>
24       <li><a href="photo.html">北海道の写真</a></li>
25       <li><a href="link.html">リンク集</a></li>
26       <li><a href="contact.html">お問い合わせ</a></li>
27     </ul>
28   </nav>
29
30   <!-- ==================== メイン ==================== -->
31   <div id="main">
32     <h1>新着情報</h1>
33     ※ここにページの内容を記述
34   </div>
35
36   <!-- ==================== フッター ==================== -->
37   <footer>
38     <p>北海道の旅</p>
39     <p>Copyright (C) 2019 Yusuke Aizawa All rights reserved.</p>
40   </footer>
41
42   </div>                    <!-- 全体を囲むdiv -->
43   </body>
44
45   </html>
```

演習（2）

リンク先のHTMLファイルについても<style> 〜 </style>の記述を削除し、link要素でCSS
ファイルを読み込みます。

Step 29 インラインフレームの作成

演習(1)

以下のようにHTMLとCSSを記述します。

```
1   <!DOCTYPE html>
2
3   <html lang="ja">
4
5   <head>
6   <meta charset="UTF-8">
7   <title>三大中華街</title>
8   <style>
9     body{
10       background-color: #000000;
11       color: #FFFFFF;
12     }
13     a{
14       color: #FF0000;
15     }
16     iframe{
17       width: 1100px;
18       height: 500px;
19       background-color: #CCCCCC;
20     }
21   </style>
22   </head>
23
24   <body>
25   <h1>中華街の紹介</h1>
26   <p>日本には、有名な中華街が3つあります。<br>リンクをクリックすると、それぞれの中
    華街のWebサイトを表示できます。</p>
27   <ul>
28     <li><a href="https://www.chinatown.or.jp/" target="f1">横浜中華街</a></li>
29     <li><a href="https://www.nankinmachi.or.jp/" target="f1">神戸南京町</a></li>
30     <li><a href="http://www.nagasaki-chinatown.com/" target="f1">長崎新地中華街</
    a></li>
31   </ul>
32   <iframe name="f1"></iframe>
```

インラインフレームのCSS（16〜20行目を指す）

name属性で名前を付ける（32行目を指す）

220

```
33    </body>
34
35    </html>
```

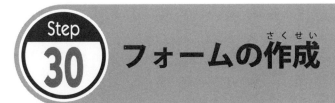

Step 30 フォームの作成

演習（1）

以下のようにHTMLとCSSを記述します。なお、HTMLの構成やname属性の値は、以下の例と異なっていても構いません。

```
1    <!DOCTYPE html>
2
3    <html lang="ja">
4
5    <head>
6    <meta charset="UTF-8">
7    <title>アンケート</title>
8    <style>
9      .form_txt{
10       margin-bottom: 30px;
11     }
12     .form_chk{
13       margin-bottom: 30px;
14     }
15     .form_chk label{
16       margin-right: 40px;
17     }
18     .form_but{
19       text-align: center;
20     }
21   </style>
22   </head>
23
```

```
24   <body>
25   <h1>アンケート</h1>
26   <form>
27     <div class="form_txt">
28       <label>氏名：<input type="text" name="user_name" size="20"></label>
29     </div>
30     <div class="form_chk">
31       <p><b>質問（1）</b><br>英語を話せるようになりたいと思いますか？</p>
32       <label><input type="radio" name="eng">はい</label>
33       <label><input type="radio" name="eng">どちらともいえない</label>
34       <label><input type="radio" name="eng">いいえ</label>
35     </div>
36     <div class="form_chk">
37       <p><b>質問（2）</b><br>英語以外に興味のある語学はありますか？</p>
38       <label><input type="checkbox" name="lang">フランス語</label>
39       <label><input type="checkbox" name="lang">スペイン語</label>
40       <label><input type="checkbox" name="lang">中国語</label>
41     </div>
42     <div class="form_txt">
43       <p><b>質問（3）</b><br>英語の授業に対する要望があれば記入してください。</p>
44       <textarea name="message" cols="50" rows="5"></textarea>
45     </div>
46     <div class="form_txt">
47       <p><b>質問（4）</b><br>あなたの年齢を選択してください。</p>
48       <select name="age">
49         <option>以下から選択</option>
50         <option>10代</option>
51         <option>20代</option>
52         <option>30代</option>
53         <option>40代</option>
54         <option>50代以上</option>
55       </select>
56     </div>
57     <div class="form_but">
58       <input type="submit" value="送信">
59       <input type="reset" value="クリア">
60     </div>
61   </form>
62   </body>
63
64   </html>
```

索引 index

ご質問がある場合は・・・

本書の内容についてご質問がある場合は、本書の書名ならびに掲載箇所のページ番号を明記の上、FAX・郵送・Eメールなどの書面にてお送りください（宛先は下記を参照）。電話でのご質問はお断りいたします。また、本書の内容を超えるご質問に関しては、回答を控えさせていただく場合があります。

新刊書籍、執筆陣が講師を務めるセミナーなどをメールでご案内します

登録はこちらから

https://www.cutt.co.jp/ml/entry.php

情報演習 ㊼

留学生のための
HTML5 & CSS3 ワークブック ルビ付き

2020年1月10日　初版第1刷発行
2021年3月20日　　　第2刷発行

著　者	相澤 裕介
発行人	石塚 勝敏
発　行	株式会社 カットシステム
	〒169-0073 東京都新宿区百人町4-9-7　新宿ユーエストビル8F
	TEL　（03）5348-3850　　FAX　（03）5348-3851
	URL　https://www.cutt.co.jp/
	振替　00130-6-17174
印　刷	シナノ書籍印刷 株式会社

Cover design *Y. Yamaguchi*　　　　　Copyright©2019　相澤 裕介
Printed in Japan　ISBN 978-4-87783-808-9

30ステップで基礎から実践へ！

ステップバイステップ方式で確実な学習効果をねらえます

留学生向けのルビ付きテキスト（漢字にルビをふってあります）

この他のワークブック、内容見本などもございます。
詳細はホームページをご覧ください
https://www.cutt.co.jp/

カラーチャート（**Color chart**）

「RGBの16進数」で色を指定するときは、このカラーチャートを参考にR（赤）、G（緑）、B（青）の階調を指定すると、思いどおりの色をスムーズに指定できます。

#000000	#000033	#000066	#000099	#0000CC	#0000FF
#003300	#003333	#003366	#003399	#0033CC	#0033FF
#006600	#006633	#006666	#006699	#0066CC	#0066FF
#009900	#009933	#009966	#009999	#0099CC	#0099FF
#00CC00	#00CC33	#00CC66	#00CC99	#00CCCC	#00CCFF
#00FF00	#00FF33	#00FF66	#00FF99	#00FFCC	#00FFFF

#330000	#330033	#330066	#330099	#3300CC	#3300FF
#333300	#333333	#333366	#333399	#3333CC	#3333FF
#336600	#336633	#336666	#336699	#3366CC	#3366FF
#339900	#339933	#339966	#339999	#3399CC	#3399FF
#33CC00	#33CC33	#33CC66	#33CC99	#33CCCC	#33CCFF
#33FF00	#33FF33	#33FF66	#33FF99	#33FFCC	#33FFFF

#660000	#660033	#660066	#660099	#6600CC	#6600FF
#663300	#663333	#663366	#663399	#6633CC	#6633FF
#666600	#666633	#666666	#666699	#6666CC	#6666FF
#669900	#669933	#669966	#669999	#6699CC	#6699FF
#66CC00	#66CC33	#66CC66	#66CC99	#66CCCC	#66CCFF
#66FF00	#66FF33	#66FF66	#66FF99	#66FFCC	#66FFFF